get it 轻知

食物戏很多

餐桌辟谣记

云无心——著

中国轻工业出版社

推荐序

PREFACE

“吃了吗”，这句简单而亲切的问候，几乎是中国人见面时最自然的开场白。它不仅仅是一句问候，更是对彼此生活状态的关心与分享。而在餐桌上，“能吃吗”则成为最常见的疑问，它反映了人们对食品安全和健康的疑虑。但“吃了再说”是大多数中国人面对美食时的真实写照，无论是出于对食物的热爱，还是出于豁达的生活态度。

当我们沉醉于中华五千年的饮食文化时，网络上的各种说法也如狂风暴雨般扑面而来，让人眼花缭乱、难辨真伪。这些谣言、误解各有各的“神通”，让人防不胜防。有的谣言假借老祖宗之名，比如“隔夜不能”系列，几千年的经验智慧不容质疑；有的则充满了对现代食品工业的恐惧，比如对添加剂、预制菜的过度担忧，仿佛它们是危害健康的洪水猛兽；而最令人痛恨的是商家推动的“情绪营销”，通过制造恐慌和焦虑来推销产品，比如“蔬菜农药残留好可怕，赶快买我的高科技洗菜机”……

如果你经常被这些“食品真相”所困扰，那么我建议你好好读一下这本书。它的作者云无心是食品科普领域的一位颇具影响力的作者，他曾经从事相关研发工作多年，经验丰富，这让他对食品有了比绝大多数人更深刻的理解，并能够以更开阔的视野和更敏锐的洞察力直击问题的核心。

这本书囊括了许多日常生活中常见的热点话题，无论是食品安全还是营养健康，云无心老师都进行了靠谱解读。仔细阅读这本书，可以让你以后少操冤枉心、少花冤枉钱，做一个餐桌上的明白人。

钟凯

科信食品与健康信息交流中心主任

目　录
CONTENTS

Part 1 食品安全篇
不断反转的闹心之争

Part 2 选储烹饪篇
真假难辨的小妙招

Part 3 健康养生篇
朋友圈里的以讹传讹

以科学为名的忽悠

Part 1

食品安全篇

不断反转的闹心之争

01 关于保质期，你真的读懂了吗？

保质期是消费者购买食品时非常关注的信息。许多人把它当作“安全保障”，觉得“没过期”就安全，“过期了”就有害。经常有人问“××类食品的保质期是多长？”“为什么都是同一类食品，这个品牌的比那个品牌的保质期长？”……

这些想法和问题，都是源于对“保质期”的误解。下面来说说那些被许多人误解的事情，看看你中了几条。

保质期的“质”，并不一定是安全指标

“保质期”是一个极常见的说法，类似的还有“货架期”“保存期”“最佳食用期”“最佳赏味期”等。这些说法在定义上有一定差异，不过日常生活中，消费者一般不做区分，都以“保质期”称之。

每一种食物都有多种属性，比如外观、颜色、口感、味道、安全性等。当我们说一种食品“合格”的时候，指的是它在各方面都符合要求，或者说，各方面都符合食品生产者对消费者的承诺。

所以，哪个指标最容易变得不合格，那么“保质期”就是保的哪个指标。比如热灌装的酸性食品、含水量很低的食品、罐装食品、无菌包装的食品、冷冻食品等，细菌和霉菌无法生长，所保的“质”就是风味和口感。这些食品即使过期了，也不会变得不安全。

而那些生鲜的食材，以及没有完全杀菌的食品，如果没有完全抑制细菌生长的措施（比如冷冻、防腐剂等），“变质”的原因往往是细菌滋生。在超市里，放在冷藏柜里卖的食品基本上就是这一类。

保质期并非“安全”与“有害”的分界线

食品的变质是一个连续渐变的过程。食品成分或者其中的细菌，不会盯着保质期去发生变化。它不会像许多人想的那样：在保质期之前，老老实实待着；过了保质期，一下子就变成有毒有害了。

“保质期”指的是：在所保期限内，食品的任何一方面都没有发生明显的变化。这是厂家的一个承诺——在此期限内，食品的风味、口感、安全性方面都有所保障。如果出了问题，厂家需要负责。而过了保质期，并不意味着就坏了，只是厂家不再担保，这就像某个电器的保质期是一年，但并不意味着一年之后就坏了。差别在于，食品是一次性消费品，我们完全可以在保质期内吃掉它，从而避免过期后“万一变坏了”的风险。

食品保质期是由厂家自己定的

食品能够保存多长时间，不仅跟食品的种类和配方有关，还跟生产工艺密切相关。同一种食品，技术好、生产规范的厂家可以实现更长的保质期。如果监管部门对同一类食品设定同样的保质期，反倒是不合理——在统一规定的保质期内，生产质量控制不好的食品可能变坏，从而导致一个符合国家“保质期标准”的食品可能是变质的；而对于那些下功夫改进生产工艺以延长保质期的厂家，国家标准反倒会打击厂家“保质”的积极性。

保质期其实保护的是厂商

许多人听说保质期是厂家自己定的，自然反应就是：“那厂家乱标保质期怎么办?”

实际上，保质期是告诉消费者“我保证这个产品是合格的”。如果不合格，那么厂家要被罚；如果造成消费者受害，那么厂家要赔偿。但是，如果过了保质期，产品出了问题，厂家就没有责任了。这种情况下，保质期相当于一个“免责条款”。

对于那些“保质”目标不是安全性而是风味口感的食品，如果过期了还在卖，消费者觉得产品不好吃而不再买，是厂家的损失。

“保质期内不变质”需要遵循厂家的保存要求才能实现

需要注意的是，“保质”的前提是遵循厂家的保存要求。否则，在保质期内食品也可能变质，而厂家也没有责任。比如，鲜奶保质期2周，是指在没有开封且冷藏的前提下。如果已经开封或者放在室温下，那么鲜奶就可能加快变质，而厂家对此也没有责任。再比如饼干，在保质期内不开封可以保持酥脆，但是如果开封，环境又比较潮湿，饼干就会很快地受潮变软，口感变差。这种情况下，也不能追究厂家的责任。

厂家是如何设定保质期的

对于厂家来说，保质期并不是越长越好。保质期过长，一方面可能带给消费者“不新鲜”“滥用防腐剂”等暗示，另一方面也可能增加产销循环的不确定性。

一般而言，厂商是按照行业一般要求，或者跟经销商确定一个需要的保质期，然后研发人员通过改进配方和生产工艺来设计产品。产品会在设定的保存条件下保存（有时也会在某种“加速变质”的保存条件下保存），每隔一段时间研发人员会取样，测定各个关键指标。如果在确定的保质期内，各个指标都可以接受，就用这个保质期；如果有某个指标变得不能接受，就继续改进配方或生产工艺，直到保质期内的各个指标都符合要求。

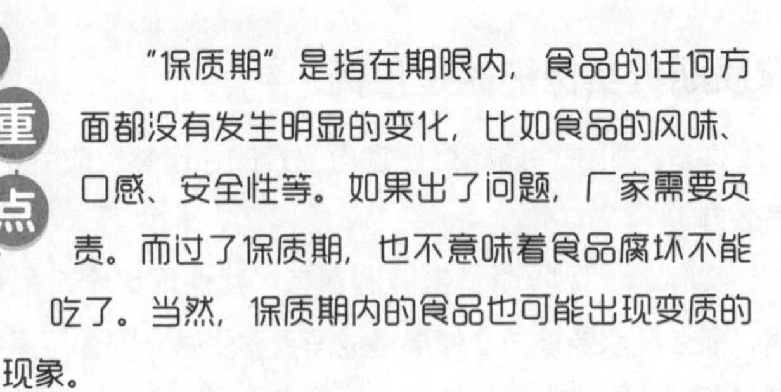

“保质期”是指在期限内，食品的任何方面都没有发生明显的变化，比如食品的风味、口感、安全性等。如果出了问题，厂家需要负责。而过了保质期，也不意味着食品腐坏不能吃了。当然，保质期内的食品也可能出现变质的现象。

02 食品添加剂，拥抱还是远离？

食品添加剂是现代食品绕不开的话题——
有人说“没有食品添加剂就没有现代食品”，
也有人质疑“即便安全，但我为什么要吃它”，
所以愿意为了“无添加”多掏钱。

虽然大家对“食品添加剂”这个词耳熟能详，但熟悉并不等于了解，很多人对它的认知只是道听途说、人云亦云。下面，我们对它的基本常识进行梳理。

食品添加剂的“法律身份”

不管在哪个国家，食品添加剂的使用都受到明确的法律约束。在中国，食品添加剂指为改善食品品质、色香味，以及为防腐、保鲜和加工工艺的需要而加入食品中的人工合成或者天然物质。只有出现在国家食品添加剂名单上的物质，并且使用场合及用量满足国家标准，才可以使用。一种新物质要想获得食品添加剂的身份，需要经过大量的研究、评估和审查，各行各业的专家都“没有发现劣迹”并且“使用能对食品带来好处”，才能得到批准。批准之后，如果有新的研究发现了“有害证据”，也会被逐出名单。

加工食品的有力助手

食品的发展跟世界的发展同步。今天，我们能够制作出前所未有的多姿多彩的食物，根本原因就在于我们能够“克服过去制作食品时遇到的困难”。而

食品添加剂，就是克服那些困难的有力助手。一般来说，越是加工工艺复杂的食品，需要解决的问题就越多，可能用到的食品添加剂种类也越多。下面是常见的食品添加剂及其对应的需求。

它的作用是抑制细菌等微生物的生长，比如常见的亚硝酸盐。如果没有它，熟肉制品就很容易产生肉毒素，在悄无声息中置人于死地。由于防腐剂能杀死细菌，人们自然也就担心它会危害健康。但实际上，亚硝酸盐在水以及一些蔬菜中都天然存在，只要限制摄入量，人体就能够处理它而不受其影响。而国家标准的严格限量，就是为了“既能达到防腐目标，又不会危害健康”。除了亚硝酸盐，其他常用的防腐剂还有苯甲酸及苯甲酸钠、山梨酸与山梨酸钾等。

这一类添加剂是为了增加食物的黏度，改善食品的稳定性和口感。多数增稠剂是天然产物，比如琼脂和卡拉胶是从海藻中提取的；明胶是从动物的皮或者骨头水解熬制而来；果胶的主要来源是橘皮和苹果榨汁后的残渣；阿拉伯胶、瓜尔豆胶、槐豆胶等，都是从相应植物的种子中提取而来；还有黄原胶，是由微生物发酵得来。除了改善食品的口感，它们通常也是膳食纤维（明胶是蛋白质，和被人们鼓吹为“神奇保健品”的阿胶并没有本质差异）。

它的作用是让脂肪均匀分散到水中。很多乳化剂是合成的，但也有天然产物，比如卵磷脂。饮料、冰激凌甚至点心的良好口感，都有乳化剂的功劳。

色素用来改变食品颜色，有合成的也有天然的。天然色素比较贵且稳定性不好，合成色素则颜色鲜亮、稳定且便宜。人们总觉得色素使食品“不天然”，但在消费时，“颜值”又是选购的重要因素。其实，摄入少量的色素，即便是那些“有争议的合成色素”，可能产生的风险也微乎其微。

其他常见的食品添加剂还有酸度调节剂、抗氧化剂、消泡剂、酶、水分保持剂、甜味剂等。

食品添加剂，吃多少会有害健康

任何物质的危害，都跟其摄入量有关。虽然合法的食品添加剂在规范使用的前提下不会危害健康，不过人们担心“不合法使用会怎样”也是人之常情。

我只能说“违规使用，可能带来危害”，所以食品需要得到有力监管，而且建议大家尽可能从正规渠道购买食品以避免遭遇“不合规使用”。

有人会问：“一种食品中的添加剂不会摄入超标，但如果我同时吃多种食品，会不会加起来就超标了?”这种担心大可不必。食品中添加剂允许添加的最大量，是假定正常人一天只吃这一种食品的量来制定的。一天的饮食中，我们会选择多种食品，而我们摄入一种食品的量必然不会太多，摄取的添加剂量也不会超量，所以日常饮食摄入的添加剂量一般不会超过“安全上限”。

多种食品添加剂进入身体内会不会互相作用，产生危害呢？这种可能性“在逻辑上存在”，不过有科学家对其做过深入的分析评估，结论是“实际上极不可能发生”。

食品添加剂可以延长食物的储存期，改善食物的口感和形态，但滥用食品添加剂可能会危害健康。面对生活中的众多选择，我们需要做的是理性消费，健康饮食。

洗涤剂中的荧光剂会致癌吗?

人们对荧光剂有着巨大的戒心。比如洗涤剂中的荧光剂，就被许多消费者和媒体作为“致癌物”。网上出现过一段视频，显示某品牌洗涤剂在荧光测试笔下显示有荧光，配音声称“起码要清洗100次才能洗干净”“很多癌症都跟荧光剂有关”。洗涤剂中的荧光剂，真的这么恐怖吗?

洗涤剂中使用荧光剂是合法的

在洗涤剂中使用荧光剂不属于“非法添加”，而是世界各国广为接受的做法。中国现行有效的行业标准QB/T 2953—2023《洗涤剂用荧光增白剂》中，明确规定了织物洗涤剂中可以使用二苯乙烯基联苯类（典型产品CBS）和双三嗪氨基二苯乙烯类（典型产品33#）荧光增白剂。

2011年，广州越秀区人民法院判决过一起诉讼，原告指控某品牌的洗涤剂中含有荧光增白剂，对健康造成危害。判决中引用了中国的行业标准、专家意见、多国的相关机构对洗涤剂中荧光剂的安全性文件等，最后驳回了原告的诉讼请求。

为什么洗涤剂中要用荧光增白剂

大家可能会注意到，白色的衣服穿了一段时间，很容易泛黄。这种泛黄，是由于衣物不能有效地反射蓝光所致，单纯靠“洗干净”很难恢复。对于这样的衣物，很多人穿在身上不甘心，扔了又舍不得。

荧光增白剂能够吸收波长 340~380纳米的紫外光，发射出波长 400~450纳米的蓝光，从而弥补衣物本身反射不足的蓝光，提高衣物的白度和亮度。

荧光增白剂的安全性评估

洗涤剂中较常用的两种荧光增白剂是33#和CBS。中国、日本和欧洲的一些国家都发布过对它们的安全评估报告。

安全评估分为“急性毒性”和“慢性毒性”。急性毒性以一次性下药毒死一半动物的量（半数致死量，LD50）来衡量。33#通过喂食的半数致死量大于5000毫克/千克体重，通过皮肤给药的半数致死量大于2000毫克/千克体重。这样的半数致死量相当于无毒。慢性毒性以在长期给药条件下“没有观察到有害影响”的量来衡量。在实验中，雄性大鼠每天摄入524毫克/千克体重的量，雌性大鼠每天摄入791毫克/千克体重的量，也没有观察到有害影响。

在生物体内的毒物动力学研究显示，33#在合成洗涤剂水溶液中几乎不透过皮肤，灌胃给药后24 小时内，几乎全部通过粪便排泄。对于CBS，毒性评估的结果也跟33#类似。

那么洗涤剂中的荧光增白剂会有多少被人体接触到呢？基于最极端的假设，人体每天可能接触到33#和CBS的总量小于3.02微克/千克体重。这个量，大致只有大鼠实验中“没有观察到有害影响”剂量的十万分之一。这足以得出“荧光增白剂对消费者安全”的结论。

厂家会滥用荧光增白剂吗

每次谈到剂量与风险的关系，就会有人问：“怎么知道厂家不会滥用呢？”其实，厂家在使用荧光增白剂时，也需要考虑以下2点。

荧光增白剂很贵，厂家不舍得多加。

荧光增白剂有“自限性”，加多了不仅不能增白，反而可能有相反的作用。

对于这样的添加剂，也就不需要限定用量，更不需要标出用量。不仅中国如此，世界各国都如此。当然，市场上也有不添加荧光增白剂的洗涤剂。

使用荧光增白剂能提高衣物的白度和亮度，但厂家一般不会滥用荧光增白剂。荧光增白剂加与不加，取决于厂家的产品设计和营销策略，不是说"不加的就安全"或者"加了的就有害"。

04 让人谈“转”色变的转基因食品，是原罪还是庸人自扰？

“转基因”是现代农业中影响最大的技术，也是广大公众最关注的技术。很久以来，国内外的大量消费者对于转基因产品都抱以怀疑和抵触的态度。

转基因食品，到底是人类的福音还是灾难？既然有这么大争议，为什么国家还要发展它呢？

转基因食品是什么

转基因食品，是指制作食品的原料来自经过转基因技术改造的作物。

所谓“转基因改造”，是通过现代生物技术，把来自一个物种的基因插入另一个物种中，从而让被改造物种具有本来不具有的特性。后来，有些物种并不转入另一个物种的基因，而只是人为改变一个物种自己的基因，让它产生或者失去某种特性，这种基因编辑的操作常被称作“广义的转基因”。

不管是哪一种操作，都是“人为”而且“精准”地改变了一种作物的基因，从而让它产生了有利于种植或者养殖的特性。比如较常见的“抗虫转基因”，让农作物产生能够杀死特定种类昆虫的蛋白质，从而不需要农药就避免了这些昆虫破坏农作物；“耐除草剂转基因”，则是转入“耐除草剂基因”，从而在地里喷洒除草剂之后，杂草被杀死而农作物则安然无恙；还有著名的“转基因三文鱼”，则是通过转入“快速生长基因”，让三文鱼长得更快更大。

转基因食品安全吗

对于公众来说，提到转基因，首先考虑的是其安全性。

转基因只是一种操作技术，就像“红烧”也只是一种烹饪方法——我们无法回答“红烧是否安全”，转基因技术也无所谓的“是否安全”。我们能够讨论的是“这一盘红烧肉”是否安全。同样，对于转基因，我们讨论的也是“这种转基因作物”是否安全。

转基因食品的安全性，是通过风险评估来确定的。简单来说，就是评估转基因操作的每一步，是否比原来的作物产生了额外的风险。首先，所转的基因来源是否“清白”，比如来自玉米的基因一般是“清白的”，而花生的基因则可能因存在“花生过敏”的风险而被拒绝使用。其次，所转的基因会产生什么样的产物，比如抗虫基因Bt，产生的Bt蛋白能够杀死鳞翅目昆虫，而对人及其他动物并没有影响。最后，还要考虑转入基因后，对于物种本来的基因会不会产生影响，确认安全后才能够被接受。经过了这一系列仔细的评估，科学家们确定“跟原来的物种相比，这个转基因作物不会存在额外的风险”，这个作物才会被确定为“安全”，而且这个结论只对这个作物有效。每一个转基因作物，都要进行这样的评估。

其他的育种技术，比如杂交、辐射诱导突变、化学诱导突变、太空诱导突变等，也都是通过其他操作技术改变物种的基因。但是，它们都不需要进行安全评估，就直接认定为安全。所以有人说，转基因作物的安全认定，远比其他的育种技术要严格。

转基因食品是否会危害生态环境

转基因操作产生了“自然界本不存在的物种”，有些物种还具有强大的能力，那这些物种的存在，会不会危害环境呢？比如，担心抗除草剂基因促使产生“超级杂草”，担心用抗虫转基因会出现“超级害虫”，担心生长能力超强的转基因动物进入自然界破坏生态平衡……

从理论上说，这些可能性是存在的。所以，转基因作物要上市，除了进行安全性评估，还要进行单独的环境安全性评估。评估的基本理念跟安全性评估类似，也是从基因的“出身”开始，到每一步基因操作，再到植物的种植或者动物的养殖，以及后续的加工处理，一步一步评估可能对环境带来的影响。只有这些影响可预测、可控制，并且不比传统作物大，该转基因作物才能得到批准。

至于说超级杂草或者超级害虫的出现，的确有这样的例子。不过需要注意的是，即使没有转基因，使用农药和除草剂也会使具有抗性的杂草和害虫出现。而转基因是加剧了还是延缓了它们的出现，就必须通过深入的评估分析。不过，从美国大规模种植转基因作物20多年的历史来看，经过严格评估的品种，在合理的种植模式下，对生态的影响要小于人们的预估。

可以说，公众对转基因作物以及转基因食品的顾虑，科学家们也都想到了，并且确定“没有问题”。转基因技术带来的好处——大大降低耕种成本、减少病虫害以及杂草造成的产量损失等，对于增加农民收益、保障粮食安全等有着至关重要的意义。所以，国家一直积极支持转基因技术的自主研发，稳步推动农业转基因的产业化。

转基因技术可以降低耕种成本、减少病虫害等。我们应正视它，公正地评价它。

网上盛传的“催熟番茄”分辨法靠谱吗？催熟的蔬果对人体健康有影响吗？

对于蔬果催熟，许多人一直心存疑虑，比如网上流传着“番茄多是催熟的，吃了对身体不好”之类的谣言，还煞有介事地列出一些“识别催熟的小窍门”。这些窍门靠谱吗？

催熟剂是什么

植物的正常生长中会产生一种物质——乙烯，它是植物自己产生的“生产信号”，调控着植物的生长和成熟进程。如果我们在植物自己还没有产生乙烯之前，人为地施以乙烯，植物就会做出反应——加速生长和成熟。

所谓的“催熟剂”就是一种乙烯产品，只不过因为乙烯是气体，使用起来不方便，所以就发明了液体形态的乙烯，叫“乙烯利”。它可以很方便地喷洒到植物上，然后释放乙烯，达到加速植物生长和成熟的效果。

这种催熟技术已在农业上使用了近百年，且在世界各国广泛使用，尤其是热带水果，比如香蕉、芒果。因为如果“树熟”的话，水果很快就坏掉了，无法保存和运输。有了催熟技术，我们就可以在水果成熟前采摘，控制储存环境进行长时间保存，等到销售前，再使用乙烯利启动它们的成熟过程，这样就可以在其他季节或者远离产地的地方吃到香甜的水果。

番茄的催熟也是这个原理。

催熟的番茄有害吗

许多人之所以要鉴别“番茄是否被人工催熟”，是认为“吃了催熟的番茄对身体不好”，这完全是臆测。

催熟只是提前启动了植物的成熟过程。植物体内发生的所有生理过程，跟自然成熟时是一样的。自然成熟时植物合成的物质，催熟时也会合成；自然成熟时不存在的物质，催熟时也不会有。也就是说，催熟并不会产生什么“有毒有害物质”，自然也就谈不上“吃了对身体不好”。

当然，由于生长期以及光照时间等因素的影响，催熟的蔬果可能在某些物质的含量上跟自然成熟的有所不同，但这一含量差异对于蔬果的整体营养无足轻重。

催熟剂残留有害吗

许多人认为催熟蔬果有害的另一个理由，是农民会滥用催熟剂导致残留超标。

乙烯利作为一种化学物质，跟食盐、白酒、醋等一样，大量食用也会危害健康。但是，蔬果上的残留不太可能达到有害健康的量。

国家标准GB 2763—2019《食品安全国家标准　食品中农药最大残留限量》中指出，乙烯利的安全摄入量为每天每千克体重0.05毫克，在番茄中的残留量限制为2毫克/千克。假设一个成年人的体重为60千克，那么他每天的乙烯利安全摄入量为3毫克。也就是说，如果他每天吃到的乙烯利不超过3毫克（食用番茄不超过1.5千克），对身体健康也不会有影响。

“人工催熟”真能被分辨出来吗

网上流传着关于如何分辨催熟番茄的“小窍门”。

- **“形状不圆、有尖尖角；果蒂发青，摸起来很硬；瓤是绿色的……这种番茄很有可能是打了催红素，是被人工催熟的。”**

其实，这些“小窍门”并不靠谱。番茄的品种很多，有本身就有尖尖角的，也有成熟了也很硬的。即便不使用乙烯利，同一个品种自然生长，也可能由于施肥、光照、温度等因素，出现一些“不同寻常”的个体。所以，按照所谓的“小窍门”去分辨番茄催没催熟，不靠谱，也没有必要。

敲重点

关于对催熟剂滥用问题的担忧完全没有必要。首先，乙烯利是需要花钱购买的，并不便宜，多用只会浪费钱。其次，乙烯利使用过量会导致植物成熟过快而腐烂变质，滥用的结果得不偿失。最后，乙烯利很容易溶解于水中，即便蔬果上有残留，清洗之后也就去除了。

06 遭受抨击的预制菜，还能不能吃？

作为新概念的“预制菜”走入人们的视野没有几年，但其实预制菜本身已经存在很多年了，比如绿皮火车时代风靡铁道线的德州扒鸡、遍布全国的连锁快餐……不过，它们从来没有像今天这样被口诛笔伐，以致多地的教育部门发布公告“禁止预制菜进校园”。

预制菜为什么被抨击？还能不能吃预制菜呢？

“预制菜”三个字，大家理解不同

“预制菜”到底是什么，目前还没有权威性的法规定义，只有一些团体标准。其中影响力比较大的是中国烹饪协会发布的《预制菜》（T/CCA 024—2022）中对预制菜的定义，“以一种或者多种农产品为主要原料，运用标准化流水作业，进行预加工（如分切、搅拌、腌制、滚揉、成型、调味等）和/或预烹饪（如炒、炸、烤、煮、蒸等）制成，并经过预包装的成品或者半成品菜肴”。基于这个定义，预制菜又被分为“即热/即食预制菜”“即烹预制菜”以及“预制净菜”。比如德州扒鸡属于即食预制菜，料理包属于即热预制菜，连锁快餐店的半成品薯条和烧烤店的冷冻肉串属于即烹预制菜，而超市里的鸡胸肉或者切好的肉丝，则属于预制净菜。

不过，团体标准并不是强制性法规，缺乏权威性。由于缺乏统一明确的定义，不同的人也就按照自己的理解去支持或者抨击预制菜。

预制菜被推上风口浪尖，是因为“预制菜进校园”的话题。在强烈反对“预制菜进校园”的家长心中，“预制菜”是“三无作坊”用劣质原料，加入大量防腐剂制作出来，长时间存放的料理包。

但在连锁餐饮店看来，“预制菜”是中央厨房制作的半成品，运送到门店，进行最后一步加工就可以上菜的半成品。

而在烧烤店、火锅店看来，“预制菜”是切好腌好、冷冻保存的食材，拿出来化冻就可以烹制的食材。

每个人都义正词严地认为自己是“正确”的，但实际上是各说各话，在争论不同的东西。

预制菜是餐饮行业发展的趋势

按照中国烹饪协会的团体标准的定义，预制菜其实涵盖了从初级处理的生鲜食材到预包装食品的整个食品生产过程。也就是说，预制菜是把从生鲜食材到食物上桌整个过程中需要做的事情，切分出来再另外完成，最后提供给最后完成烹饪的人。例如，把一条鱼杀死、去鳃、去鳞、去内脏，装好销售，是“预制净菜”；如果进一步把鱼切成片，腌好，并搭配上其他调料，厨师拿到以后可以直接下锅做酸菜鱼，是“即烹预制菜”；如果是做好酸菜鱼，装起来冷冻，只需要打开加热即可，就是“即热预制菜”……

预制菜细化了食品加工的产业分工，增加了产业中的自动化和规模化，减少了“最后一步”的人力与时间。这是传统餐饮行业和现代食品加工业互相渗透的结果，能够大大提高食品制作的效率，也便于政府部门进行监管。

预制菜，能吃吗

不管是哪一种类型的预制菜，只要规范操作，安全、营养都不成问题。

而一种预制菜是否成功，关键在于与现制菜的接近程度，或者说还原度。如果还原度足够高，消费者从风味口感上都难以分辨出是“预制”还是“现制”，是不是预制菜又有什么关系呢？比如连锁快餐店的炸薯条、汉堡，会有人觉得是“半成品预制菜”而拒绝吗？

不同的菜品有不同的特点，适合的预制程度也不同。超过了适合的预制程度，菜品的色香味将大打折扣，消费者就不会接受了。对于不同的菜品，选择合适的预制程度，不仅可以获得足够好的风味口感，还方便快捷。比如清蒸鱼，最多只能预制到“净菜配送”，再进一步就很难好吃了；而酸菜鱼，就可以预制到“即烹”，拿来就下锅，操作便捷的同时，风味口感也能得到保障；佛跳墙、梅菜扣肉与粉蒸排骨，预制到“即热”也可以；而德州扒鸡、酱牛肉，预制到“即食”也没什么问题。

简而言之，“预制”还是“现制”，只是食品制作的分工方式。对于食客来说，关注点应该是食物的安全、营养、风味、价格、便捷度。工艺合理、制作规范的预制菜，完全可以在实惠便捷的同时，保证安全营养，并且获得足够好的风味。

不管是哪一种类型的预制菜，只要规范操作，安全、营养都不成问题。预制菜，不会替代现制菜，而是对食品加工方式的补充与扩展。

07 大米打蜡，是一种什么操作？

网上有一段视频，展示了如何分辨“打蜡大米”：在米中倒入开水，5分钟后，如果水面出现一些油状物，则说明大米打了蜡。

就视频而言，我们无法判断这是真实的实验还是制造出来的实验现象。但是从理论上，“打蜡大米”是可能存在的。

好好的大米为什么要打蜡呢？我们先从大米抛光说起。

抛光损失了营养，但提高了大米的品质

大米是稻谷脱壳的产物。如果只是脱去了壳，得到的就是糙米。糙米的表面还有一层皮，富含膳食纤维，所以很影响口感。把这层纤维去掉，就得到了精米。这样得到的精米会带有一些糠末，所以淘米的时候我们可以看到淘米水是混浊的。在现代粮食加工中，会把这层糠粉也去掉，并且通过互相摩擦使大米表面抛光，增加大米表面的光洁度。抛光之后，还要经过筛选去掉形态不好的米粒。通过这样处理的大米不容易变质，有利于运输和保存。

很多大米经过两次抛光和筛选，外形美观、均一，食用时不需要再进行淘洗。但是，这样加工之后基本上只剩下了稻米的胚乳部分，而膳食纤维、维生素和矿物质丰富的表皮被去掉了。

作为商品，大米的品质更多取决于外观和口感。抛光提高了这些品质，付

出了营养损失的代价。但是，多数消费者更喜欢抛光的大米，所以目前市场上的大米大多数是经过抛光的。

抛光为“陈米翻新”提供了机会

因为种种原因，有些大米储存时间过久而变成了陈米，甚至开始发霉。这样的米能被消费者轻易识别，自然也就卖不出去。但是，如果把它们也进行抛光处理，外表看起来就和新米一样了。

正常的抛光处理是加一点水。为了抛光效果更好，有的厂家会加一些矿物油或者蜡。这些物质的加入，会使大米被抛得更“光”，也就产生了通常所说的“打蜡大米”。

不管用什么油和蜡，“打蜡大米”都是非法的

打蜡是否安全，取决于所打的“蜡”是什么。如果是食品级的油或者蜡，并不见得会危害健康。

但是，即便是不危害健康的蜡，也依然是违法的。

正常的大米不需要打蜡，也不需要添加任何其他成分。大米打蜡的目的，是为了把陈米、劣质米伪装成好米的样子以次充好。其目的不纯，所以不管使用的添加剂是否安全，都是非法操作。

曾经合法的“大米被膜剂”

表面打蜡在现代食品中是一种有价值的操作，专业说法是“被膜”，比如在一些水果和糖果的表面覆盖一层食用蜡的薄膜，可以阻止微生物入侵、阻隔水分迁移，从而延长保质期。

在GB 2760—2011《食品添加剂使用标准》中，壳聚糖的使用范围中曾包括大米。壳聚糖是从虾、蟹等动物的壳中提取的一种多糖，是一种可溶性膳食纤维，对于保持健康是有积极作用的，甚至被制成保健品销售。

用壳聚糖来给大米打蜡没有安全风险，有助于增加大米的“颜值”，延长保质期，但是这些好处并没有多大价值，正常保存的大米已经有足够长的保质期。“打蜡”“被膜”反倒是为不法商贩以次充好提供了机会，食品行业的专家普遍对此持反对态度。在现行的GB 2760—2014《食品添加剂使用标

准》中，“大米被膜”已被取消。2011版中可以用于大米的另外两种食品添加剂——淀粉磷酸酯钠和双乙酸钠，也都因为“没有工艺必要性”而被取消在大米中的应用。这不是因为它们存在安全问题，而是被认为没有使用的必要性。所以，如果超市中的大米使用了防腐剂或者其他食品添加剂，都是违法的，消费者可以举报索赔。在这种情况下，难以想象正规的超市会销售喷了防腐剂的大米。

如何买米避免掉坑

市场上有各种各样的米，价格相差巨大。对于消费者来说，除了价格，更担心的是买到“变质翻新”的大米。

其实，大可不必那么担心。首先，市场上有许多正规渠道，都销售货真价实的大米。只要去正规超市、粮店，购买主流品牌的大米，就很难遇到弄虚作假的大米。其次，大米的陈化变质伴随着风味口感的下降，这种下降是无法通过“翻新”来明显改变的。所以，只要是“口感好”的大米，基本上不会是翻新的陈化劣质大米。

根据现标准，大米中不允许使用任何食品添加剂。大米打蜡，不管什么蜡，都是违法的！从正规渠道买来的大米，只要妥善保存，放心吃就好。

08 猪肉上的红章和蓝章，能告诉你什么？

网络上出现过这样一篇文章，是关于“为什么有的猪肉盖红章，有的盖蓝章”。文章称：“猪肉上盖的章就是猪肉的检疫证明”“不同的章代表着不同的检疫结果”“盖有圆形章的猪肉证明是合格的猪肉，大家可以放心购买”“红色章代表的是母猪，蓝色章代表的是公猪”等。

买肉的时候，真的需要根据盖的章来判断肉能不能买吗？

目前，大多数地区已经推行了定点屠宰。所有的生猪，都要到政府认证授权的屠宰场进行屠宰，才能够进入市场。屠宰生猪，需要遵守《生猪屠宰检疫规程》和《生猪屠宰管理条例》。

《生猪屠宰检疫规程》详细规定了生猪从进入屠宰场之后需要进行的各种检疫。《生猪屠宰管理条例》（简称《条例》）的第十二条要求“生猪定点屠宰厂（场）屠宰的生猪，应当依法经动物卫生监督机构检疫合格，并附有检疫证明”。合格的，才能加盖检疫验讫印章；不合格的，要按相应的流程处理，并不会进入市场。

除了检疫合格，猪肉还需要经过品质检验。品质检验合格的，需要“加盖肉品品质检验合格验讫印章或者附具肉品品质检验合格标志”，才得以出厂。

也就是说，出厂的猪肉，一定是“检疫合格”和“品质检验合格”的。如果有其中之一不合格，根本就不允许出厂销售。如果不合格的猪肉出了厂，不仅屠宰场要被处罚，销售或者使用这些不合格猪肉的餐饮服务经营者也要接受处罚。

国家标准只规定了合格的盖章，不合格的猪肉是否盖章要看各个地区的规定。但是盖了那些章的猪肉不能进入销售渠道，更不能出现在超市或者肉摊上。

文中说“盖有圆形章的猪肉证明是合格的猪肉”，其实并不准确。国家法规只是要求了盖章，但并没有对章的形式做出统一规定。早期的确是用圆形印章，但后来又推行更方便的长条滚筒式印章，此外还有针刺式印章。具体的盖章形式是由各地方主管部门来规定，由此造成不同地区的印章五花八门、形状各异。如果只认为“盖圆形章的才是合格的”，那么盖长条滚筒式验讫章的那些猪肉就“躺枪”了。

猪肉上的印章很难洗掉，大家担心会不会有害健康。其实，食品检验章专用的颜料由食品色素混合酒精、甘油、维生素C与水混合制成，可以食用，并不会危害健康。

至于“红色章代表的是母猪，蓝色章代表的是公猪”，完全是以讹传讹。国家标准只规定了印章颜料必须满足可食用的要求，并没有对颜色的使用做出规范。实际上，各地使用的颜色也不只有红色和蓝色这两种，有些地方还会使用紫色或者绿色。

出厂的猪肉一定是“检疫合格”和“品质检验合格”的。只要其中之一不合格，根本就不允许出厂销售。

09 瘦肉精到底是什么“精”？

说起吃肉，许多人就会想到“瘦肉精”。在多年以前，还时不时出现养殖户非法使用瘦肉精，导致消费者中毒的报道。

有意思的是，在美国的肉类生产中，是可以合法使用瘦肉精的。许多人就会困惑：难道美国人的身体构造跟我们不一样，他们就不怕瘦肉精吗？

为什么科学家这么关注瘦肉精

实际上，“瘦肉精”是一个统称，并不对应一种具体的物质，就像“代糖”是一个统称，也不对应一种具体的物质一样。任何能够替代糖产生甜味的物质就被称为“代糖”，不同的代糖之间存在巨大差异。与此类似，任何能够抑制动物脂肪生成，促进瘦肉生长的东西都可以称为“瘦肉精”。目前已知的瘦肉精有很多种，多数的确对人体有害，所以几乎被所有国家禁止使用。

瘦肉精的好处是显而易见的，它可以减少动物脂肪，增加瘦肉量，而且明显缩短猪的生长周期。所以，尽管多数瘦肉精因为对人体有害而被禁用，但科学家还是孜孜不倦地研究。

莱克多巴胺的出现让人们看到了曙光。科学家研究了莱克多巴胺对鼠、狗、猪、猴子等动物的影响。

1

检测莱克多巴胺在动物体内的吸收排泄情况，让实验动物摄入不同的量，然后检测其排泄物中的量。科学家发现莱克多巴胺不在体内蓄积，排出的时间很短。换句话说，即使有毒性，也不会累积

2

跟踪莱克多巴胺在体内的代谢情况，利用同位素追踪，确定莱克多巴胺进入体内去了哪里、变成了什么，如何被排出体外

3

研究各种致病情况。喂给实验动物不同的量，检测短期和长期的健康状况，最后确定莱克多巴胺的安全用量

这些研究是基于动物的，在人体中是否如此，还有必要进行验证。有6位志愿者作为受试者，证实莱克多巴胺在人体中的代谢情况跟动物一致。基于此，科学家认为用动物实验的结果来推测其在人体中的表现是合理的。

瘦肉精在各国的不同待遇

考虑到人与人之间的个体差异，把试验得到的“安全剂量”除以50（“安全系数”），作为针对公众的安全剂量。

美国

基于这样的计算，美国食品药品监督管理局（FDA）确定人们每天可接受的莱克多巴胺摄入量是每千克体重1.25微克。根据这个“安全摄入量”，他们规定牛肉和猪肉中允许的莱克多巴胺残留量分别是30微克/千克和50微克/千克。在这个残留量下，一个体重为50千克的人每天吃1250克猪肉或者2000克牛肉是很安全的。

加拿大和世界卫生组织设定的标准要高一些，猪肉中的允许残留是40微克/千克。

中国的食品监管部门也评估过莱克多巴胺的影响，最后考虑内脏中的残留量比较高，而内脏在中国消费者中又比较受欢迎，最后没有批准雷克多巴胺的使用。

联合国粮农组织设定的标准是10微克/千克。
欧盟的许多国家认为6个人的试验还是不够充分，所以没有批准其使用。

在中国，任何瘦肉精都是非法的。即便是从美国进口的“符合美国标准”的猪肉，也不能检出瘦肉精残留，否则不能进口到中国。

10 火腿肠是用下等肉做的吗？

路边摊的烤肠，好吃且价格低廉，吸引着许多消费者。不过，网上也流传着关于火腿肠成分的种种传说，让人们倍感焦虑。

这里，我们针对网上的传说，来一一解读。

火腿肠是用什么做的

网上传说路边的烤肠“想要吃到牛肉或者猪肉，基本上是不可能的”，而火腿肠的主料是“鸡大胸、鸡皮、鸭皮、增香物质、防腐剂，以及降低成本的填充剂——淀粉，有的厂家还可能会用到狐狸肉等”。

火腿肠产品，国家有推荐标准《GB/T 20712—2006 火腿肠》，正规的火腿肠生产企业都会遵循该标准。其中对火腿肠的定义是“以鲜或冻畜肉、禽肉、鱼肉为主要原料，经腌制、搅拌、斩拌（或乳化）、灌入塑料肠衣，经高温杀菌制成的肉类灌肠制品”。

也就是说，使用“鸡大胸、鸡皮、鸭皮”制作火腿肠并不违反国家的推荐标准。即便真的有厂家用狐狸肉，如果是养殖的且经过检疫，也是符合规定的。

至于使用淀粉，即使是在特级火腿肠中，也是允许的。

火腿肠的主要成分是水，含量一般可达60%甚至更高。也就是说，2根完全合格的普通级火腿肠（100克），如果含有10克蛋白质、10克淀粉和15克脂肪，是完全正常的。而且不管蛋白质和脂肪来源于猪肉、鸡肉还是鸡皮，都是符合国家推荐标准的。

对于火腿肠这样的产品，不管是“好肉”还是“下等肉”，都要绞成泥，混入其他原料之后才成型。所谓的“下等肉”，比如说肉制品切割中的边角料，绞成泥之后跟“好肉”的差别并不明显。只要在屠宰、切割、加工过程中遵守卫生规范，最后对火腿肠的安全、营养、口味就不会有显著影响。因为这些“低价原料”的使用，使得火腿肠的成本大为下降，最终以便宜的价格卖到消费者手中。对于想要“经济实惠”的消费者，也是一个不错的选择。

对于想要“高档火腿肠”的消费者，可选择“无淀粉级”产品。

根本没有任何肉类成分的火腿肠，可能吗

网上还经常看到这样的说法：“有些火腿肠中根本没有任何肉类成分，是用一些植物蛋白及色素、香精等制成的。”

从技术上，用“植物蛋白以及色素、香精”来模拟肉是可行的。近些年来，随着食品加工技术的发展，用植物蛋白来模拟肉的口感，用调味料来模拟肉的风味，这类技术已经得到了广泛应用。

从法规角度来说，前面提到的国标是一个推荐标准，并不要求生产企业必须执行。尤其是很多烤肠并不是火腿肠，而是“淀粉肠”或者“淀粉肉肠”。国家并没有为“淀粉肠”或者“淀粉肉肠”制定标准，所以企业也可以按照自己的配方去设计产品。比如市场上有些肠类产品，蛋白质含量只有5%，而淀粉含量可达35%，这确实是“淀粉”肠了。

使用“鸡大胸、鸡皮、鸭皮”制作火腿肠并不违反国标；火腿肠中含淀粉，也是非常正常的！想要通过火腿肠摄入“纯肉”，你真的想多了！

11 吃隔夜菜真的会导致重度贫血、致癌吗?

网上有些视频很唬人。比如一位胡女士总是一次做两天的饭菜(且主要是素菜),每次要吃的时候再拿出来加热一下,结果体检发现是重度贫血,究其原因竟是长期吃隔夜菜惹的祸。视频中医生解释,长时间烹饪会导致食物中的叶酸和维生素B_{12}被高温破坏,易患上巨幼细胞性贫血,因此最好不要食用二次加热的食物或隔夜菜。

有病例、有医生的"专家解读","隔夜菜吃出重度贫血"这件事看起来"无可辩驳"。事实真是如此吗?

视频中展示了胡女士的检查结果:重度贫血,缺乏叶酸与维生素B_{12}。而缺乏叶酸或者维生素B_{12}可能导致巨幼细胞性贫血,所以医生得出胡女士的贫血是因为缺乏叶酸和维生素B_{12},看似有理有据。

隔夜菜会导致缺乏叶酸与维生素B_{12}吗

胡女士的体内缺乏叶酸、维生素B_{12},同时胡女士长期吃隔夜菜,于是医生把后者作为前者的原因,并给出解释"长时间烹饪会导致食物中的叶酸和维生素B_{12}被高温破坏"。

这个归因和解释并不合理。

视频中说胡女士"总是一次做两天的饭菜",也就是说两天中还是有一天吃的是"新鲜饭菜"。这相对于很多经常吃快餐、外卖、方便面的人来说,吃"健康食品"的频率已经不算低了。

而且，胡女士的隔夜菜是“要吃的时候再拿出来加热一下”，也就是说第二次的加热并不是“长时间烹饪”。跟第一次烹饪时的“加热”相比，隔夜之后的“热一下”谈不上高温，也谈不上长时间。

所以把“隔夜菜”解读为“长时间烹饪”，并非事实。

胡女士为什么会缺乏叶酸与维生素B_{12}

胡女士缺乏叶酸与维生素B_{12}是事实。但体内缺乏叶酸和维生素B_{12}的原因有很多，食物中的含量不够只是其中的一种原因。

从视频中，我们无法得知胡女士是否存在导致缺乏叶酸、维生素B_{12}的其他原因。这里，只讨论她的饮食原因。

叶酸在食物中广泛存在，绿叶蔬菜、豆制品、动物肝脏、瘦肉、蛋类等都富含叶酸。但是，食物中天然存在的叶酸不够稳定，在烹饪加工中容易被破坏。

如果从食物中摄取叶酸，需要依靠多样化的食物、比较大的食物量，使得经过烹饪破坏之后还有足够的叶酸“幸存”。如果食物中的叶酸含量本来就有限，经过一次烹饪后就破坏得差不多了，有没有隔夜之后的“再加热”也就无关紧要了。

维生素B_{12}基本上只存在于动物性食物中，包括肉、蛋、奶等。天然的植物性食物基本上不含维生素B_{12}。视频中提到，胡女士的饮食中缺乏肉类。也就是说，胡女士的饮食本来就存在缺乏维生素B_{12}的可能，跟是不是“隔夜”没有什么关系。

简而言之，胡女士缺乏叶酸和维生素B_{12}，主要是饮食不合理造成的，“隔夜”只是被拉来做了“替罪羊”。

隔夜菜能吃吗

关于隔夜菜的传说很多，常见的是“隔夜菜会产生亚硝酸盐”“隔夜菜会滋生细菌”。

从理论上来说，这两种情况都可能发生。但就食品安全来说，只有考虑到“量”才有意义。

江苏省食品安全委员会专家委员会委员熊晓辉教授曾对亚硝酸盐做过大量的研究，其中最关键的有以下2点 。

1 即便是最容易产生亚硝酸盐的叶菜类（以炒上海青、炒菠菜、炒芹菜、炒鸡毛菜、炒茼蒿这5种为例），在25℃储存24小时，都没有产生足以导致人体中毒的亚硝酸盐，可以放心食用。如果是在冰箱4℃以下储存，就更没有问题

25℃储存3.5天
4℃储存7天

2 肉类食物在储存中不容易产生亚硝酸盐，但可能产生细菌以及食物腐败。以红烧肉进行实验，在25℃条件下储存3.5天或者以4℃的条件下储存7天，依然能够安全食用

食物新鲜的最好，所以建议大家尽可能现做现吃。但是因为种种原因，总有一些时候会有剩菜剩饭，只要妥善保存，隔夜时间长一点也是可以安全食用的。

12 金银铝餐具会让人中毒吗？

金银是富贵的象征，但中国又有着“吞金自杀”“银针试毒”的故事。于是有读者问：“用金银制作的餐具，会让人中毒吗？”“现在含铝添加剂已经被严格控制使用，那么铝制餐具会导致铝摄入量超标吗？”

金箔可以作为食品添加剂，金制餐具不影响健康

虽然“吞金自杀”这个说法在中国影响深远，但这里的“金”是否真的指黄金、是否真的有人吞金自杀，也是众说纷纭，没有定论。能够肯定的是，黄金非常稳定，通常的强酸、强碱、腐蚀性的盐，对它都无能为力。

实际上，金箔可以作为食品添加剂使用。在联合国粮食及农业组织和世界卫生组织食品添加剂联合专家委员会（JECFA）的列表中，金可以作为色素使用，且没有制定摄入限量。

前些年，有企业推出“金箔酒”，引起了公众的巨大关注，监管部门还曾经向社会发布了是否批准金箔酒的征求意见稿。但现行的食品添加剂使用标准并没有列入金箔，所以不可以在中国使用。

作为餐具，不管是全金还是镀金，在各种使用条件下都不会溶到食物中，自然也不会影响健康。

银不像金那么稳定，但银制餐具也不会危害健康

“银针试毒”在古装影视剧中是一种常见的桥段，其原理其实是个误会。古代的毒药一般是砒霜，砒霜本身是不会让银针变黑的。但是古代的砒霜生产工艺比较落后，杂质很多，往往含有一些硫化物。硫化物能与银反应生成硫化银，从而使银针变黑。对于不含硫的毒药或者高纯度的砒霜，银针是不会变黑的。

在食品中，银的情况跟金类似。因其稳定性高，很难溶解，也不会被人体吸收，所以很难影响健康。银在中国没有被批准作为食品添加剂使用。

与金制餐具不同的是，如果食物中含硫，那么银制餐具可能变黑。比如鸡蛋在煮熟的过程中就可能释放出硫。这不会影响健康，但会大大影响视觉感受。

一些银制餐具的推崇者宣称银器具有“杀菌消毒”的作用。银离子的确具有杀菌消毒的功效。不过，银器跟银离子是两码事。银器中的银是以单质形式存在，化学性质很稳定。在烹饪和盛装食物的过程中很难反应变成银离子，更不用说达到有效杀菌需要的浓度了。实际上，如果银器能转化出有效杀菌的银离子，那么其安全性就需要重新评估了。

简而言之，银制餐具可以放心食用，但不要指望它能够“杀菌消毒”。

铝制餐具一般没问题，但应注意使用方法

跟金银不同的是，铝是一种相当活泼的元素，在自然界广泛存在。此外，一些添加剂也可能含有铝离子。

铝不是人体需要的金属，摄入过多可能损害神经系统，增加患帕金森病的风险。对于单质形式的铝，JECFA制定的摄入限量是每周每千克体重7毫克；而对于食品添加剂中的铝，JECFA的标准是每周每千克体重2毫克。铝制餐具是单质铝，几乎不会溶于水进入食物。它需要变成铝离子才能迁移到食品中，因此应该采用食品添加剂的标准——对于一个体重为60千克的人，常年每天摄入量不超过17毫克，不会增加健康风险。跟这个量比起来，从铝制餐具中迁移出来的量是很小的。

不过，铝的来源不仅仅是餐具，更重要的是天然食物，或者某些食品添加

剂。能避免的铝摄入，我们要努力避免。比如说，中性食品很难从铝制餐具中溶解出铝离子来，但酸性饮料长期盛装在铝制餐具中会溶解更多的铝，应尽量避免。

实际上，通常的铝制餐具都经过了“钝化”。单质铝比较活泼，容易被氧化，氧化之后就在表面形成一层氧化铝。氧化铝很坚硬，耐磨、耐酸的能力都大大提高了，就更不容易溶出铝离子。

不过，这也并不意味着可以随便使用铝制餐具。在使用铝制餐具时还应注意以下3点。

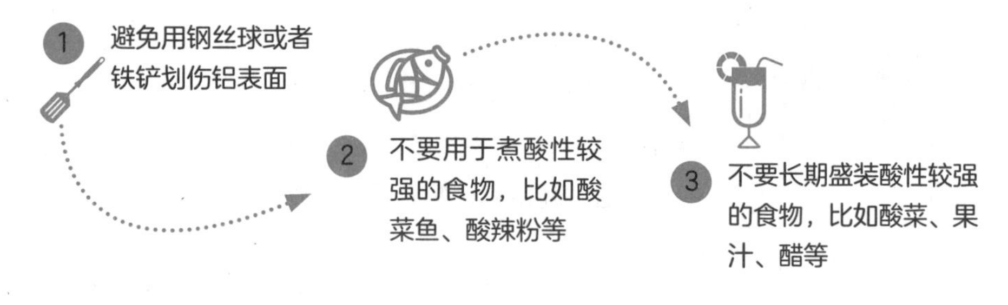

作为餐具，不管是镀金、银制还是铝制，只要正确使用，都对健康无虞。当然，也不要指望它能够“杀菌消毒”或者有其他功效。

13 隔夜茶、隔夜水能喝吗？

随着人们对自身健康的关注，“健康饮料”越来越受欢迎，喝茶的人也越来越多。在关于茶的各种传说中，有一条是“隔夜茶不能喝”，在网上也很容易搜出各种“不能喝”的理由。然而，这些理由靠谱吗？我们分别来辨析。

理由1：隔夜茶会生成“茶锈”

“茶锈是茶多酚类物质在空气和水中氧化成棕色的胶状物”“茶锈中含有铅、铁、砷、汞等物质”“茶锈进入人体，与食物中的蛋白质、脂肪和维生素等结合、沉淀，会阻碍营养物质的吸收和消化”。

这些说法纯属无稽之谈。茶中富含茶多酚，茶多酚容易被氧化，氧化后会使茶水颜色变深。所谓“棕色的胶状物”其实一般只在红茶中才能形成，行业内称之为“冷后混”。这种胶状物是茶黄素与咖啡因的结合产物，其溶解度受温度影响很大，茶水凉下来之后可能因过饱和而析出。实际上，“冷后混”的出现需要茶水中含有大量的茶黄素，而其被视为优质红茶的特征。

至于重金属，无论如何放、放多久，都不能凭空产生，只能来源于水和茶叶。只要水和茶叶都是合格的，那么不管茶水如何隔夜，都不会产生重金属。至于茶锈进入人体后产生的危害，也就更无从谈起。

理由2：隔夜茶中的维生素几乎完全损失

从茶树上采下来的鲜叶，确实含有一些维生素，但是经过加工干燥等步骤，这些维生素早就损失得差不多了。

也就是说，茶水中本来就几乎没有维生素，隔夜茶中也就无所谓损失不损失了。而且，即便真的是损失了维生素，也并不是生成了有害物质，并不能得出“不能喝”的结论。

理由3：隔夜茶会滋生大量细菌

这条理由在理论上是合理的，任何食物（包括饮料）在常温下长时间放置都有可能滋生细菌。

但对于茶水而言，茶叶中的细菌本来就很少，经过热水冲泡，细菌就更少了。而且茶水中的营养成分很少，并不是细菌生长的理想环境。即便是放在常温下十几个小时（所谓“隔夜”），也不会滋生大量细菌。如果是放在冰箱里，就更没有问题。

理由4：隔夜茶会产生亚硝胺

亚硝胺是一种致癌物，由亚硝酸盐和胺类反应产生。要生成它，需要有硝酸盐并且在细菌大量生长的条件下，才能把硝酸盐转化成亚硝酸盐。

在茶水中，硝酸盐的含量本来就很少，也缺乏转化成亚硝胺的反应条件。所谓的“生成亚硝胺”，只是一种想象。

大家可能会关心：隔夜茶发生了什么变化，这些变化会不会导致其他危害?

茶水的营养成分含量很低，通常说的“功效成分”主要是茶多酚和咖啡因。茶多酚很容易被氧化，变成茶黄素、茶红素等物质，从而使茶水颜色变深，所以茶水在存放过程中颜色变深是很正常的。而这些氧化产物并没有危害，如果在实验室测试抗氧化能力，茶黄素甚至还要强一些。

除了“隔夜茶不能喝”，网上还有许多“隔夜水不能喝”的说法。如果是一杯洁净的饮用水，那么其中的细菌会非常少，水中也没有什么营养成分，并不适合细菌生长，即便隔夜，也不会导致细菌大量生长。从“不会影响健康”的角度来说，隔夜水完全是可以喝的。

隔夜茶确实会让茶水的颜色和风味发生变化。这种变化可能使茶水“不好喝”，但并不是“不能喝”。饮用水本没有什么营养成分，所以隔夜水也不会因为隔夜而滋生大量细菌。

14 瓶装水会伤害人体，还会致癌？

网上流传着长期喝瓶装水会致癌的话题，并给出3个原因：微塑料、增塑剂和双酚A。这些说法靠谱吗？我们逐一分析。

微塑料

有篇文章说，环保组织对瓶装水进行检测，发现“每升瓶装水中平均含有10颗大于100微米的塑料微粒，而检测到的直径小于100微米的塑料微粒更多，每升含量高达314个”。然后引用了一位“内分泌科主任医师”的介绍，说“瓶装水里的塑料微粒，人体并不能自主排出”。

“微塑料”是指自然环境中的微小塑料颗粒，可能来源于人类丢弃的塑料、合成塑料的单体等。

微塑料可能通过进入地球的食物链而进入我们的食物，也可能通过食盐等食物直接被我们吃下。不过到目前为止，还没有发现水产品以及食盐中的微塑料对健康有可见的危害。

当然，为了“绝对安全”，不喝瓶装水也没什么不可以。不过需要注意的是，根据检测，自来水中也有微塑料颗粒，含量约为瓶装水中的一半。此外，食盐、水产品等食物中也含有微塑料颗粒，是不是也都不能吃呢？

增塑剂

提起增塑剂，可能知道的人不多，但塑化剂大家应该有所耳闻。“塑化剂”其实是我国台湾地区的叫法，大陆规范用语是“增塑剂”。它包括多种化合物，比如塑料瓶中可能存在的领苯二甲酸酯。

塑料中的增塑剂会迁移到与它们接触的溶剂中，所以在瓶装水以及与塑料接触的食物中出现增塑剂并不意外。即使是没有与塑料直接接触的食物，也完全可能因为间接途径而含有增塑剂。

增塑剂在水中的溶解度很小，所以塑料桶或者塑料瓶装的水，即便含有增塑剂含量也很低。根据美国环境保护署的调查，饮用水中的增塑剂通常在每升几微克，而海鲜鱼类中的含量可达200微克/千克。丹麦的调查发现，来源于叶类蔬菜的增塑剂超过了摄入总量的一半，而根类蔬菜、牛奶和鱼类中的塑化剂大约占摄入总量的10%。

增塑剂是现代社会难以避免的存在。对这样的物质，我们需要搞清楚其“安全摄入量”以及“实际摄入量”，如果后者远远小于前者，那么就不用担心。根据目前的科学数据，一个成年人可以摄入上千微克的增塑剂而不影响健康，而2升水中的增塑剂最多也只有几十微克。

双酚A

有文章说瓶装水有害的第三个原因是双酚A，证据是“俄罗斯的专家们对近1500名志愿者的身体健康状况进行了跟踪研究，在95%的志愿者的尿液中发现了有毒物质双酚A”。

这个说法跟增塑剂一样：不讨论实际含量及其对健康有多大影响，只说“含有”，然后把“长期大量摄入”的后果拿出来吓唬人。

双酚A引发公众关注源于奶瓶。有研究发现，“长期低剂量”接触双酚A的动物的一些生理指标发生了变化，于是有观点认为从容器中迁移到食品中的双酚A可能会带来健康风险，尤其是一定剂量下的双酚A还显示了雌激素活性，这更让人们担心不已。出于谨慎，加拿大和欧盟禁止双酚A用于奶瓶和婴儿奶粉罐。

面对公众的关注，美国食品药品监督管理局（FDA）组织专家对双酚A的风险进行了评估，并且和研究机构合作进行了许多研究。在2014年7月，FDA更新了对与食品接触的双酚A的态度：目前，食品中的双酚A剂量是安全的；此前对于食品容器和包装材料中的双酚A不危害健康的认定没有问题。

正规厂家的瓶装水可以放心喝，“双酚A”“增塑剂”问题在目前塑料制品中都是可控安全的。

15 食品包装上的信息，哪些该重视、哪些该无视？

随着社会的发展，人们对食品的要求也在悄然地发生着变化。比如，安全、健康、方便，在人们选购食物的时候越来越受到重视。食品包装，是我们了解一种食品较直接的途径。厂家印在包装上的信息，一方面需要遵守国家规范，另一方面要尽可能地吸引消费者购买。

作为消费者，应该如何阅读包装上的信息呢？

那些应该无视的信息

“应该无视”，是说没必要在意它们，主要有以下几种信息。

（1）食品的“名号”。名号对人们的吸引力很大，但经常是误导和暗示。比如“营养××”“健康××”“生态××”“绿色××”“古方××”“秘制××”……它们并不意味着食品会有什么特别的好处。就像一个人叫作“王健康”，可能真的很健康，也可能是个“病秧子”，我们不应该根据名字去做任何判断。

（2）名人偶像的照片和代言语。代言只是利用名人的知名度来吸引粉丝，丝毫不代表产品好坏，甚至代言人是否用过产品都不好说。明星偶像对产品的评价，参考价值基本为零。

（3）宣称的功效与“适用人群”。实际上，食品不允许宣称任何功能，大品牌的产品被盯得紧，一般不会乱写。但有的企业抱着“不被查到”的侥幸心理宣称各种功能，比如“降血脂”“养胃”“提高免疫力”“帮助睡眠”“促进儿童智力发育”“适用于‘三高’人群”等。看到包装上有这样的字样，可以断定生产者连遵规守法都做不到，这样的产品还是避而远之为好。

（4）包装上大字突出强调的“产品卖点”。这些卖点往往是“正确的废话”，比如“无防腐剂”，其实本来该类产品就不需要防腐剂；还有“非转基因”，中国对转基因食品强制标注，所以只要没标的就是非转基因食品；还有植物油宣称“0胆固醇”，而世界上本来就没有含胆固醇的植物油。

那些应该有但你不必纠结的信息

“应该有但你不必纠结”，是说它们应该出现在食品包装上，但具体的内容你不需要去纠结，主要是“厂家完整名称和地址”和“生产许可证编号”。这两条信息意味着如果产品存在问题，消费者和销售商家能够追究到厂家。虽然我们未必会用到，但如果这两条信息不全，就说明这款产品不那么靠谱。

需要重视的信息

“需要重视”，意思就是食品包装上必须有，而你可以根据它们来挑选健康的食品，主要包括以下4点。

（1）食品的量。在包装的正面，会标有这个包装的食品含量。营养标签里的数字是按照100克或者100毫升来列的，但我们吃食物的时候是面对“一个包装”，对健康的影响取决于“总量”而不是“含量”。从健康的角度，推荐包装较小的食品，尤其是零食和饮料。我们通常是包装有多少，就吃掉多少，小包装有助于控制摄入总量。

（2）营养标签。中国目前的营养标签中，强制标注的内容还比较少，只有“1+4”，即总热量（包装上为“能量”）、蛋白质、脂肪、碳水化合物和钠。关于营养标签，需要注意以下几点。

- **表中的数字是按照100克或者100毫升来算的，具体的总量还要考虑食物总量。例如，一种饮料的含糖量是10%，而一瓶饮料的总量是500毫升，那么喝一瓶摄入的糖是50克；营养棒的含糖量是25%，一根营养棒的重量是28克，那么吃一根摄入的糖是7克。**

◉ 营养标签中有一列“营养素参考值（NRV）”，是指100克（或毫升）该食品中的热量或者某营养素占一天需求量的比值。在总热量、蛋白质、脂肪、碳水化合物和钠这5个指标中，脂肪和钠的NRV值越低越好，蛋白质的NRV值越高越好。如果想要控制热量，那么总热量的NRV值越低越好。同样，这里的数字是按照100克（或毫升）来算的，而实际摄入量占每天总需求量的比例需要考虑到食品的总量。如果要比较不同食品的“健康程度”，可以看4种营养素的NRV值跟热量NRV的对比。

下面是2种饮料的营养成分表。

项目	每100mL	NRV%
能量	208kJ	2%
蛋白质	0.6g	1%
脂肪	2.1g	4%
碳水化合物	7.0g	2%
钠	12mg	1%

项目	每100mL	NRV%
能量	263kJ	3%
蛋白质	3.2g	5%
脂肪	3.3g	6%
碳水化合物	5.1g	2%
钠	40ng	2%
钙	120mg	15%

饮料1的能量NRV是2%，而越多越好的蛋白质NRV是1%，只有总热量的一半，但越少越好的脂肪NRV是4%，是总热量的2倍。饮料2的能量NRV是3%，蛋白质是NRV5%，是总热量的1.6倍，而脂肪NRV6%也是总热量的2倍。而饮料2的钠NRV与能量NRV的比值比饮料1的高，但二者都小于1，也就是说从这两种饮料摄入的钠相对于总热量较少，不用过于纠结。

综合而言，饮料2要比饮料1好得多。

（3）配料表。配料表中按照含量从高到低的顺序列出了所用的原料。在目前的营养标签中，有“碳水化合物”的含量以及它的NRV值。但是，碳水化合物包含了糖、淀粉和膳食纤维。淀粉是热量来源，还不用太纠结；糖是多数人食谱中较大的风险因素，应该尽量减少糖的摄入；膳食纤维是多数人饮食中不足的成分，应该尽量增加其摄入。也就是说，仅根据营养标签，并不能判断碳水化合物的含量多少是好还是坏。这时候，就需要借助配料表。在配料表的前几位，如果有白砂糖、高果糖浆、玉米糖浆、蜂蜜等，那么这种食品的碳水化合物就主要是糖；如果是大米、小麦、玉米、粗粮及其加工制品，那么碳水化合物就主要是淀粉；如果主要原料是粗粮，那么就会有比较多的膳食纤维。比如前面的那2种饮料，饮料1的配料表前两位是水和白砂糖，饮料2的配料表中就只有生牛乳，所以饮料1的碳水化合物是白砂糖，饮料2的是牛奶中的乳糖。

（4）生产日期和保质期。简单来说，只要在保质期内，食品的安全性都是可以保证的。不过距离生产日期越近，表明经销商的走货速度越快，食品的风味口感相对于保存时间长的可能越好。

购买食品时，真正应该关注的是包装上的净含量、营养标签、配料表以及生产日期和保质期，包装上的卖点，看看就好了。

Part 2

选储烹饪篇

真假难辨的小妙招

“三高人群电饭煲”，真的有用吗？

某知名品牌宣称研发出了“三高人群电饭煲”。消息传开，媒体哗然。这是一款怎样的炊具，能有这么好的功效？

在说这款电饭煲之前，先来了解一种食物——发芽糙米饭。

“发芽糙米饭”是什么

与精米相比，糙米含有更丰富的膳食纤维、矿物质、维生素，且血糖生成指数（GI，又称升糖指数）要低一些。所以，用糙米来代替精米，有利于健康，尤其是在血糖、血脂和血压方面。

精米在加工过程中破坏了胚芽，所以不再具有发芽的能力。而比较新鲜的糙米还保留着发芽的能力，在适当的条件下能够萌发。“发芽糙米”是把糙米在适当条件下放置一段时间，让种子“苏醒”，发出小芽。在这个过程中，大米内部发生了各种生化反应，比如产生一种叫作“γ-氨基丁酸”的物质（具有多种生物活性功能），多种维生素的含量大大增加，钙、铁、镁等矿物质也被释放出来，便于人体吸收利用，还有一部分淀粉被转化为糖等。

如此来看，发芽糙米的营养价值确实比精米好，相比于未发芽的糙米，营养价值也有一定提高。

“三高人群电饭煲”有什么特点

就像发豆芽一样，人们可以将糙米发芽来制作“发芽糙米饭”。不过这比较麻烦，所以市场上有厂家直接把糙米发芽，将其干燥后作为“发芽糙米”进行销售。

而“三高人群电饭煲”宣称可以一键制作发芽糙米饭，也就是把糙米放进去，由电饭煲自动控制条件，让糙米发芽，然后继续加热做成米饭。把糙米煮成发芽糙米饭，只需要4小时。这款电饭煲的作用，就是帮助消费者把糙米发芽和煮饭的操作“一键完成”。

“发芽糙米饭”真的可以不升血糖吗

糙米比精米对“三高”人群更友好，发芽糙米的营养价值比普通糙米高。把糙米发芽与煮饭集合到一个电饭煲中“一键完成”，在技术方面有突破，在提高糙米的营养价值方面也有帮助。不过，要说这款电饭煲“保证你敞开吃，血糖不升高”，就不是事实了。

糙米只是“升糖指数比精米低”，而不是“不升血糖”。各类食物的升糖指数受到多种因素影响。一般而言，精米的升糖指数在80左右，属于“高GI食物”，而糙米属于中GI食物，升糖指数在70以下。低GI食物的标准是升糖指数低于55，糙米通常是达不到的。

那么糙米发芽之后，升糖指数如何变化呢？在看到的各种关于发芽糙米的报告中，都是跟精米相比，而没有找到跟未发芽糙米的对比数据。不过，发芽糙米中毕竟含有大量淀粉，淀粉转化成糖会升高血糖，所以这款电饭煲做出来的“发芽糙米饭”不可能“保你敞开吃，血糖不升高”。

“发芽糙米饭”比精米饭有利于“三高”人群的关键在于糙米。“三高人群电饭煲”也只有煮糙米才能体现出优势。如果只是用它来煮精米，跟普通电饭煲并无区别。

02 冷藏的西瓜要切掉1厘米再吃？

夏天是吃西瓜的季节，每逢夏季，“隔夜西瓜能不能吃”“西瓜放冰箱要不要包保鲜膜”的问题就会出来刷屏。相应地，很多媒体就会翻出“人吃隔夜西瓜进了ICU”“某节目做了实验，西瓜隔夜细菌增加了多少倍”的报道，然后就是“专家建议西瓜冷藏不要超过12小时”“切开的西瓜冷藏不能超过24小时”“冷藏的西瓜要切掉表面1厘米再吃”之类的建议。

这些说法真的靠谱吗？

“隔夜西瓜”吓唬人的两个著名实验

关于隔夜西瓜，网上流传着两个著名的实验。

一个是记者做的，说是把一个西瓜切成两半，一半用保鲜膜包上，一半不包，放了17小时之后，找了一个实验室检测细菌数，结果很惊人：用保鲜膜包住的西瓜表面的细菌数是1000多个，而不用保鲜膜的则只有几十个。于是得出结论：“使用保鲜膜，细菌数量反而增多”。

另一个是某电视节目中展示的，专家把不同情况下切开的西瓜放在冰箱里，第二天检测细菌数，“最脏”的一个样品检测结果是8400个菌落/25克，于是节目说吃隔夜西瓜等于“一口吃下8400个细菌”。

对于普通公众，这两个实验都很惊人，具有极佳的传播效果，也确实得到了广泛传播。虽然已经过去很多年，但现在还可以搜到这些报道。

如何看待食物中的细菌数

我们的周围充满了细菌，但多数细菌是无害的。仅仅是细菌总数高，并不意味着食物就不卫生。在食品生产中，“细菌总数”是用来检测生产过程的卫生控制情况。比如，操作规范的食用冰块，每毫升细菌数应该在100个以下。如果超过了，就说明制冰过程卫生不良。“每毫升细菌数少于100个”，只是清洁卫生的制冰系统应该达到的指标，并不是说每毫升食物中的细菌超过100个就不安全。比如奶茶，这个“应该达到的指标”往往高达几千上万个。

前面提到的第二个实验，在“最脏”的操作下，隔夜后的西瓜细菌数是8400个/25克，也就是336个/克。这个细菌数其实非常少了，比巴氏鲜奶中的细菌总数还少。

西瓜切开后会发生什么变化

关于保存切开的西瓜这个问题，国际科学月刊《食品保护杂志》发表过一篇论文，其中做了严谨细致的研究。结果显示如下。

（1）切开的西瓜，如果在室温下放一天，榨出的西瓜汁中每毫升的细菌数就已经长到了几百万个。也就是说，不冷藏是不行的。

（2）在冷藏条件下，不包起来的西瓜，到第4天细菌数达到了每毫升250个、第6天达到每毫升5200个；而包起来的，到第7天还少于每毫升10个，到第8天为每毫升250个。就安全性而言，这样的结果不至于对身体造成伤害，还是可以吃的。

当然，“可以吃”跟“好吃”是两码事。研究还对冷藏不同天数之后的“包起来”和“不包”的样品进行了品尝，由10个人从西瓜的颜色、香气、外观、味道和质感5个方面进行打分。结果显示：所有的指标，不包的样品在冷藏2天之后都发生了明显的变化，而包起来的样品，香气、外观和质感在7天之后并没有明显变化，颜色在7天之后才有明显变化，而味道是在4天之后发生明显变化。

也就是说，切开的西瓜包起来冷藏比不冷藏、不包起来的要好得多。研究中是用铝箔膜包的，保鲜膜的作用相同且密封性更好，效果应该更好。

如何冷藏西瓜

细菌的生长受到诸多因素的影响，除了前面提到的冷不冷藏、包不包起来，冷藏西瓜还应注意以下3点。

2 吃不完的西瓜避免用手碰到瓜瓤，切开后马上用保鲜膜完全包裹起来放进冰箱冷藏

3 操作卫生、封好保存的西瓜，在冰箱里冷藏几天还可以吃

许多人会关心“冷藏的西瓜切掉1厘米再吃”的说法。其实，只要做好了上面说的几点，那么冷藏几天，西瓜上的细菌也不会大量滋生，没必要切掉1厘米。当然，如果没有封，或者封了但放的时间比较长，表面那层西瓜风味会显著下降，去掉再吃，口感更好。

还需要特别说明的是，定期清理冰箱非常重要。如果冰箱里有致病菌，如李斯特菌、沙门菌等，任何放在冰箱里的食物都很危险。

切开的西瓜最好包起来冷藏。只要妥善处理，冷藏后可以不用去掉上层1厘米再吃。

03 这10种食物不能放进冰箱？

冰箱几乎是家庭必备家电。对于暂时不吃的食物，人们放进冰箱以延缓变质。最近，网上有一篇《生活常识：10种食物不能放进冰箱》的文章，让人担心不已。

文中所说的“生活常识”是正确的吗？下面来一一解析。

淀粉类食物

馒头、米饭、面包、面条、饺子等主食，基本上都是淀粉类食物。文中所说不能放进冰箱的理由是“会加快其变干变硬的速度”，这并没有什么道理。“变干变硬”是因为水分蒸发，与放不放冰箱无关，放在常温下，反而会“变干变硬”得更快。而且常温会加速细菌滋生，使食物坏得更快。

巧克力

文中说“放进冰箱的巧克力在拿出来后，表面容易出现白霜，不但失去原来的醇香口感，还会利于细菌的繁殖……夏天室温过高时，可先用塑料袋密封，再置于冰箱冷藏室储存。取出时，别立即打开，让它慢慢回温至室温再食用”。

这个说法是正确的，但这并不是说巧克力不能放进冰箱，而是从冰箱里拿出来的巧克力要尽快食用。

巧克力的融化温度较低，在室温较高时，如果不放进冰箱就会融化，失去原来的醇香口感。所谓“有利于细菌的繁殖”，只是一种猜想。巧克力的含水量很低，并不适合细菌生长。从冰箱里拿出来及时吃掉，也不存在细菌生长的问题。但如果拿出来不吃，可能会导致一些水蒸气凝结在巧克力表面，增加含水量，让细菌“有可能”生长。

鱼类

文中说“冰箱中的鱼不宜存放太久”“鲫鱼长时间冷藏，鱼体组织就会发生脱水或其他变化”，这些跟“鱼类不能放冰箱”完全是两码事。

不宜久放自然没什么不对，但冷藏室中的任何食品都是如此，用这个理由来说“鱼类不能放进冰箱”完全是偷换概念。杀死的鱼如果不放冰箱而是放在常温下，细菌会迅速滋生而导致其变质。所以，除非是活鱼，否则一定要放进冰箱，如果短期内不食用就应该冷冻起来。

药材

文中说药材不宜放冰箱的理由是“如果和其他食物混放时间太长，不但各种细菌容易侵入药材内，而且容易受潮”。

这个理由也很牵强。是否受潮取决于包装，如果密封好了自然也就不会受潮。和其他食物混放会导致“细菌容易侵入”更是“欲加之罪”。细菌是否“容易侵入”，也取决于是否密封包装。

实际上，很多药材都已经干燥处理，不放冰箱确实也不会腐坏。但是，由于药材中的许多活性成分含量会缓慢下降，放冰箱可以减缓其活性成分含量下降的速度。

番茄

文中说“番茄经低温冷冻后，肉质呈水泡状，显得软烂，或出现散裂现象，表面有黑斑，煮不熟，无鲜味，严重的则腐烂”。前面说的是“低温冷冻”的后果，但腐烂是由微生物生长导致的，而在低温冷冻的条件下微生物是不易生长的。

准确地说，是“番茄不适合放冰箱”，而不是不能放冰箱。原因是：市场上的番茄通常没有完全成熟，需要在存放中继续成熟。放进冰箱，番茄中的生化反应被抑制，就不能继续成熟合成风味物质了，而之前已有的风味物质还会慢慢散失，导致番茄变得淡而无味。

如果番茄已经熟透，开始变软，那么放进冰箱可以更好地保持口感。此外，切开的番茄很容易被细菌污染，也应该用保鲜膜封起来放进冰箱。

青椒

文中说“青椒在冰箱中久存会出现变黑、变软、变味。因为冰箱温度一般为4~6℃，而青椒的适宜储存温度为7~8℃，因此不宜久存”。

青椒（以及很多其他蔬果）含水量很高，温度过低会变成冰坨，化开之后口感不佳。“适宜温度”并不是只能在此温度下保存。在现实中，大家买回来的菜要么放在冰箱里冷藏（或者冷冻），要么放在常温下，一般人很难严格地控制温度。在常温和冰箱冷藏之间，不管是营养成分的保持还是安全性的考虑，冷藏都是更合理的选择。

香蕉

文中说“若把香蕉放在12℃以下的地方储存，会使香蕉发黑腐烂”。

这并不是事实。在低温下，香蕉会被“冻伤”而使香蕉皮发黑，但香蕉本身并没有腐烂。除了外表难看，剥去皮之后并不影响食用。

鲜荔枝

文中说“若将荔枝在0℃的环境中放置一天，会使其表皮变黑，果肉变味”。但如果鲜荔枝不放进冰箱而放在室温下，变味得更快。

草莓

文中说“草莓储存在冰箱里，不仅果肉发泡、口感大打折扣，还容易霉变”。这与荔枝、番茄的情形相同，如果在室温下储存相同的时间，会更容易变质。

绿叶菜

文中说“绿叶菜放在冰箱里，不仅叶片会更快腐坏，还可能由于酶和细菌的作用，生成有毒的亚硝酸盐”。蔬菜中的酶和细菌都会被低温抑制，怎么可能会“更快腐坏”？放在冰箱里并不能完全使细菌停止生长，但是跟放在常温下相比，在冰箱的低温下细菌生长要慢得多。

冰箱不是食品安全的保险箱，也不是任何食物都“适宜”或者“有必要”放进冰箱。但是广为流传的“不能放进冰箱的食物”，基本上是牵强附会，以讹传讹。

关于洗碗的这些说法，确有其事还是以讹传讹？

洗碗是日常生活中常见的家务。关于洗碗，有许多媒体栏目进行过“科普”。看起来“挺有道理”，而实际上是“正确信息中夹杂着错误”。比如洗碗布要经常消毒清洗、洗好的餐具应该及时晾干等，是正确的。但也有一些典型的错误，下面选择其中的几点进行详细评析。

海绵擦含有“致癌物”

海绵擦是方便好用的洗碗工具，但人们也喜欢谈论它的“有害成分”，比如典型的说法是“不合格的海绵擦可能含有致癌物”。有节目做过实验，4块崭新的洗碗布分别密封静置在烧杯中，1小时后不合格海绵擦释放的甲醛是标准洗碗布的多倍，并且超出国家标准（0.1毫克/立方米）。

海绵擦是用三聚氰胺和甲醛制作而成的“密胺树脂泡沫”，其良好的去污效果来源于特有的材质和结构。聚合物难免会释放出一些单体分子，所以海绵擦能够释放出甲醛并不意外。

关键的问题在于：释放的甲醛会危害健康吗?

这个0.1毫克/立方米的国家标准是针对建筑物验收时空气中的甲醛含量。而节目的实验中，是把海绵擦密封静置在烧杯中，1小时后再检测其中空气的甲醛含量。这个测试，显然是为了得到惊人的数据而设计的。现实中，海绵擦所释放的甲醛会溶于水而损失掉，即便有一点分散到空气中，也可以忽略，再经过通风或者换气，就更加不足为虑了。

这个检测，相当于把酒精棉球密封在烧杯里，检测烧杯中空气的酒精含量，就得出“使用酒精棉球消毒会让人醉倒”的结论。

实际上，甲醛在许多食物中天然存在，比如蔬果中的含量为3～60毫克/千克，肉类在3～20毫克/千克，而面粉中平均在4毫克/千克左右。海绵擦中释放出的甲醛量远远小于食物中的天然含量。

“蛋壳清洁杀菌”

所谓“蛋壳清洁杀菌法”，是指蛋壳内壁附着的蛋清，因其含有的蛋白酶有很强的清洁能力，所以煮抹布时放入蛋壳一起煮，可以起到清洁杀菌的作用。

这完全是臆想。蛋清是蛋白质的水溶液，如果含有蛋白酶，就会把蛋清中的蛋白质分解掉——这相当于一种“自杀行为”。实际上，蛋清中含有的是蛋白酶抑制剂，保护自己的蛋白质不容易被外来的蛋白酶分解。此外，蛋清中还含有一些溶菌酶，其作用是抵抗细菌的侵袭，虽然具有抗菌能力，但在水里一煮，也失去活性了。

把抹布高温加热、洗净晾干，对于保持抹布的清洁是正确的，但加入蛋壳一起煮毫无意义。如果蛋壳中的蛋清附着在抹布上，反而不利于抹布的清洁。

洗洁精“影响身体健康”

洗洁精中含有表面活性剂，使用较广泛的是十二烷基苯磺酸钠。出于对化学物质的恐慌，就有了“不宜用洗洁精”的说法，理由是“十二烷基苯磺酸钠会伤害皮肤、导致脱皮，还会附着在餐具上进入人体，降低肝脏排毒能力，降低血液中的钙离子浓度”。

这是典型的耸人听闻，制造恐慌。十二烷基苯磺酸钠的纯品长期接触容易对皮肤造成伤害，但是用来洗碗，只需要在一盆水里滴几滴就够了，其浓度被大大稀释，而且也难以长期接触——这就像是拿“长期接触盐会伤害皮肤，大量吃盐会死人”来说明“汤里放盐会造成伤害”一样的荒谬。

所谓“附着在餐具上”就会如何如何，更是典型的脱离剂量谈毒性。一种表面活性剂要被批准用于餐具洗洁精，需要充分考虑其大量使用却并未冲洗干净的情况。只有这种情况也不会危害健康时，才能够获得批准。

洗洁精易溶于水，人们用它来洗餐具、洗蔬果，总是会冲洗到不会感到发黏，才会认为是“洗干净了”，因此“大量使用却并未冲洗干净”，只是一种逻辑上的存在。

餐厅吃饭前要冲洗餐具

外出就餐，人们总习惯在开吃前把餐具用热水或者茶水冲洗一遍，认为这样可以起到杀菌作用。

热水杀菌，需要的水温很高且时间较长，比如80℃的水，至少要几分钟才有杀菌效果。而餐厅里的热水或者茶水，温度往往不高，即便是温度超过80℃，倒进餐具后也立刻降下来了。也就是说，这个“热水冲洗餐具”的操作，对于杀菌几乎没有作用。

当然，这更多是一种仪式感，也有很多人说是为了去除餐具上残留的洗洁精和灰尘。不管如何，它毕竟是一个没有危害，也不算很麻烦的操作，愿意冲洗一下也没什么大不了——心理上觉得愉悦就好。

放心使用海绵擦，蛋壳杀菌不靠谱，不要妖魔化洗洁精，在餐厅吃饭用热水消毒更多的是心理作用。

05 高大上的“等离子消毒”洗菜机，你用过吗？

有网友说家人买了一台洗菜机，具有“等离子消毒”功能，听起来很高大上。这个“等离子消毒”功能是什么？有用吗？

市场上还有各种“蔬果清洗机”，广告中充满了科学名词。这些设备靠谱吗？

“等离子消毒”用于蔬果是噱头

等离子消毒是一种低温消毒技术。它是利用等离子发生装置，让电子和原子核分离从而呈现“离子态”。总体上来说，正负电荷是相等的，所以叫作“等离子体”。这是常见的固态、液态和气态之外的另一种物质形态。

等离子体在现代工业中应用广泛。它具有低温杀菌的能力，在许多不便于使用高温杀菌的地方大有用武之地，比如空气消毒、医疗器械灭菌等。

理论上，它也可以用于蔬果消毒。不过，对于蔬果来说，经过常规的清洗以及适当的烹饪就能保障卫生安全，所以用等离子设备来消毒完全没有必要。

实际上，日常生活中说的“洗菜”，并不是指杀菌，而是去掉蔬果上的“脏东西”以及农药残留等。各种蔬果清洗机、洗菜机也是以此为卖点。把等离子消毒用于去除农药残留，只有过零星报道，而且是针对特定的农药种类。这些“新技术”“新产品”并没有经过权威评估认证，基本上只是研发者或者商家的自说自话。

其他蔬果清洗机的原理和问题

市场上有许多设计精美的蔬果清洗机。基本技术原理是超声、臭氧或者二者结合。

超声清洗是利用超声波在水中产生局部高压而实现清洗。对于表面清洗，超声清洗有较好的效果，但用于去除农药残留，目前多见于推销广告。也有一些科学研究针对超声降解农药残留，但无法绕过的问题是：如果超声功率小，那么不足以把农药从蔬菜上去除，更不足以使之降解；如果功率大，噪声就会很大，可能会破坏蔬果细胞，使表面残留的农药向内部渗透。

臭氧具有强氧化性，能够破坏某些农药的结构，使其发生降解。跟超声清洗的情况类似，臭氧降解农药残留的效率取决于其浓度和作用时间，强度小了达不到效果，强度太大又可能产生安全隐患。

不管是超声还是臭氧，在理论上都能够对农药残留产生作用。但是，除了上面说的强度与效率的矛盾，它们也都面临以下3个商家们回避谈及的问题。

测试都是针对特定的农药来进行，而蔬果中可能存在的农药残留各不相同，性质也不相同。

农药的降解产物是无害还是有害，跟具体的农药有关。

在能够有效清除或者降解农药残留的强度下，是否会破坏蔬果的营养。

那些令人眼花缭乱的检测报告和演示实验

在各种蔬果清洗机的广告中，厂家总是出示一堆“权威检测报告”，还有各种令人眼花缭乱的实验。不过，这都是利用消费者缺乏专业知识而进行的忽悠。

检测机构负责对送检的样品进行检测，“权威”只表示他们检测出来的数据是可靠的。但样品本身以及检测项目，都是委托方指定的。比如，有些厂家所谓的“农药残留降解率”，其实是把某种特定农药加到水里，经过处理之后再测定该种农药的量，从而得出降解率。第一，这种农药并不能代表蔬果上实际可能存在的农药；第二，农药在水里跟在蔬果中的农药残留状态完全不同；第三，实验只是检测出这种农药含量减少了，但并不知道降解之后的产物是无害的还是有害的。

还有些检测会稍微严谨一些，通过把农药喷洒在蔬果上，模拟农药残留的状态。但这解决不了前面说的第一点和第三点，而现喷洒的农药跟经过若干天附着在蔬果上的农药，结合状态还是有区别的。

至于那些“演示实验”，就更不靠谱。比如经过处理的西蓝花看起来“更绿”“水能透过”，被解释为西蓝花表面有一层农药，经过清洗被去除了。实际上，西蓝花表面有一层天然疏水的蜡，就像雨伞阻止雨水透过。经过超声处理，那层蜡被破坏了，水也就能透过了，而这跟农药残留毫无关系。

各类“蔬果清洗机”，更多的是一种心理安慰和消费优越感的寄托，若说到作用，可能还不及自来水冲洗。

如何去除蔬果上的农药残留?

蔬果的健康意义无须多说。可买回来的蔬果上有农药残留怎么办?应该如何去除?

蔬果上的农药残留是备受关注的食品安全因素，在讨论如何去除农药残留之前，先说2条常识。

1.“检出农药残留”跟“危害健康”是两码事

任何农药都需要达到一定的量才会产生危害。这个“不产生危害的量”在国家标准中有明确界定，只要不超过它，哪怕是天天吃也不会增加健康风险。

2.“有多少种农药”跟“有害剂量”是两码事

不同的农药针对不同的虫害或者病害，作用机制一般不同。即使同类农药作用会累加，也应考虑残留量有多大，而不是根据有多少种来判断是否有害。也就是说，如果每种的残留量都低于国家标准，那么危害可以忽略；如果残留量超标，那么即使只有一种，也是不合格产品。

当然，我们还是希望尽可能降低农药残留的存在。对于蔬果，有哪些方法可以去除可能存在的农药残留呢?

各种农药特性不同，而去除方法也可能是针对某一特性。对一些农药有效的方法，可能对另一些农药无效。下面，就把大家日常生活中可能听到过的去除农药残留的方法进行梳理。

简单易行、可能有效的办法

（1）盐水浸泡：对于特定的农药残留，盐有一定的去除效果，但很有限，而且可能对食物的风味造成影响。

（2）碱水浸泡：有一些农药在碱性条件下更容易分解，所以碱水浸泡对去除农药残留有一定帮助。跟盐水一样，也是效果有限，可能影响食物的风味。

（3）淘米水、面粉水：这些方法主要是靠淀粉与蔬果表面摩擦来去除农药。如果不进行手动搓洗只靠浸泡，基本上没什么效果。

总体来说，这几种方法简单易行、性价比高，如果不怕麻烦，试试也可以。但要注意的是，如果盐或者碱的浓度过高、浸泡时间过长，也可能导致细胞破裂，残留农药反而渗入蔬果内部。

商业化的解决方案

（1）蔬果清洗剂：其作用原理类似洗衣服，主要依靠表面活性剂的“去污”能力。跟洗衣服类似，仅仅靠浸泡很难发挥作用。有一项大型研究对比了市场上常见的蔬果清洗剂和清水清洗的效率，结果是“二者差不多”。

（2）贝壳粉：贝壳粉是贝壳经过高温煅烧得到的粉末，其化学成分跟石灰一样。它跟前面说的碱水浸泡相似，只是碱性更强而已。“贝壳”只是噱头，对于实际作用，并不比碱有优势。

（3）超声清洗：这是一种比较时髦、看起来高大上的方式。在前文关于“等离子消毒”洗菜机中解读过了，这里就不再重复。

（4）臭氧处理：臭氧具有强氧化性，能够破坏某些农药的结构，使其发生降解。这种方法理论上是可行的，但需要注意的是：①农药的种类非常多，能够被臭氧降解的只是其中一部分；②臭氧降解农药残留的效率取决于其浓度和作用时间，市场上销售的臭氧机是否能达到需要的臭氧浓度很难说；③臭氧降解农药所产生的降解产物是否有害，缺乏科学数据。除此之外，在降解农药的同时，臭氧对于蔬果中的营养成分是否会造成破坏，也缺乏科学数据。

（5）复合酶：酶是具有特定功能的蛋白质。特定的酶可以高效地降解特定类型的农药。理论上，只要找到能降解各类农药的酶，把它们整合在一起使用，就可以去除各种农药残留。不过，目前这类产品还缺乏权威验证，市场上的产品是否名副其实，全靠商家信誉。

明确有效的除残法

（1）清水清洗：这是最直接的办法。农药残留附着在蔬果表面，清洗时随机械运动被去除。根据实验测试，只要在自来水下冲洗30秒以上，并伴随着搓洗，那么大部分农药残留会被去掉。这对于个儿头大、表面光滑的蔬果，比如苹果、梨、李子、黄瓜、茄子、青椒之类的蔬果，是简单易行、效果良好的方法。

（2）去皮：即便是有些农药能够渗入皮内，也主要分布在表皮，所以去皮是高效去除农药残留的手段。比如土豆、萝卜之类的蔬果，都可以采用这种方法。

（3）加热：农药的降解是一个化学反应，化学反应的速度又受温度影响，一般加热会促进农药降解。此外，加热也有利于农药溶入水中。所以对于多数蔬菜，都可以放到沸水中焯一下就拿出来，这样可以有效去除可能存在的农药残留，对营养成分的破坏也比较小。

目前，明确有效去除农药残留的方法包括清水清洗、去皮、加热，浸泡、搓擦也有一定作用。只要根据食材属性选择合适的方法，就能有效去除农药残留。

07 熟食和生食，哪个更容易变坏？

现代社会，人们都习惯了定期采购食物而不是每天买菜。尤其是冰箱的普及，大大提高了食物储存期。但很多人又面临这样的纠结：买回来的食物是直接储存，还是做熟了再储存？

不同的食物有不同的特性，不能一概而论。

鸡蛋

蛋壳上有微小的孔，细菌能够穿孔而入。蛋壳上也有一层膜，能对细菌的进入起到比较好的阻挡作用。此外，蛋清里有溶菌酶，也对进入的细菌有一定的抵抗作用。

在这样的“防御体系”下，生鸡蛋有较强的自我保护能力。一般而言，在冰箱里放几周也没问题，只不过新鲜度下降，可能出现“散黄”现象。只要加热熟透（以蛋黄凝固为标志），安全性是没有问题的。

如果把鸡蛋煮熟，那么鸡蛋内外的细菌基本上被杀灭了。但是，蛋壳上的保护膜也被破坏了，蛋清中的溶菌酶也失去了活性，环境中的细菌附着到蛋壳上，也就能畅通无阻地进入内部。所以，建议煮熟的鸡蛋即使冷藏，也不要超过1周。

蔬菜 

蔬菜被采摘之后，生命活动并没有完全停止。不管是叶类、果实类还是根茎类，都有较为坚韧的保护层，可抵抗细菌入侵。蔬菜的“变坏”，多是自身新陈代谢所致。水的存在，会加速它们的变坏速度。所以，只要把蔬菜上的水吸干，把蔬菜放进冰箱冷藏或者放在室温下，只要没有明显变坏，也还可以吃。

如果把蔬菜做熟，其表面的保护层就被破坏了，植物内部的新陈代谢也会停止。

- **一方面，其中的细菌基本被杀灭。**
- **另一方面，细胞破裂，内部的营养物质释放，很适合细菌生长，只要环境中有细菌进去，就能快速生长。**

所以，做熟的蔬菜，其变坏的速度远远快于生蔬菜，尤其是叶类和茎类更要警惕。它们中往往含有比较多的硝酸盐，当细菌生长起来，就有一些细菌把硝酸盐转化成亚硝酸盐，严重的可能导致中毒。

所以，不管是什么蔬菜，都不建议做熟了保存（除非是做成罐头）。尽可能做多少吃多少，实在吃不完，也要在下一顿吃完。

肉类

跟蔬菜不同，肉类没有保护层，也没有抗菌体系。而且肉类往往含有更多细菌。

肉类上有多少细菌，跟动物的生长条件以及屠宰环境、包装方式有较大关系。一般来说，冷藏3~5天，很多肉就会表面变黏甚至出现异味，这意味着肉已经明显变质了。这样的肉不仅存在安全隐患，而且风味口感也很差。现在，很多超市的肉采用了“气调保鲜”包装，能够延缓变质，保持新鲜度。不过，“延缓”不是“停止”，建议大家还是尽量在保质期内烹饪吃掉。

上面说的是常规的畜禽肉类，如果是内脏、鸡鸭等禽类，鱼虾等水产品，变坏的速度会更快，一般建议冷藏不要超过2天，应该尽快烹饪。如果把它们做熟了，杀灭了细菌，可以再冷藏几天，但风味口感下降得会比较明显。

敲重点

生鸡蛋比熟鸡蛋保存时间长，生蔬菜比做熟之后更易保存。不管是鸡蛋、蔬菜还是肉类，煮熟之后要尽量装在洁净的容器中、用保鲜盒（或者用保鲜膜）放入冰箱保存。如果有条件，用真空袋封装然后冷藏，也可以延长熟食保存期。

08 动物油和植物油应该换着吃吗?

食用油是饮食中不可缺少的一个组成部分。随着人们健康认识的提升，许多人知道应该“少吃油”“吃好油”。但对于“如何吃油才健康”，人们经常被各种信息弄得一头雾水。比如猪油，“饱和脂肪含量高”“不利于心血管健康”的认知才逐渐被大家接受，“猪油是十大营养食物”的说法又刷遍朋友圈。还有宣称“最好采用植物油和动物油轮换吃、搭配吃的方式”。

“猪油是十大营养食物”是曲解

这个说法来自英国广播公司（BBC），基于一篇科研论文对近1000种食物的营养价值所做的排名。

这个排名的思路是：根据每种食物的营养组成和人体对各种营养成分的需求，组合尽量少的食物来满足人体需求，得到了大约20000种组合，然后统计各种食物在这些组合中出现的次数，出现次数越高的就认为“营养价值越高”。

在这个排名中，猪油排名第8。也就是说，它表示的是：猪油可以出现在很多食物组合中以满足人体需求。这个排名虽然能够自圆其说，但跟大家理解的“营养价值高”显然是两码事。

我们要从食用油中获得什么营养成分

食用油是食谱的一部分。我们从食谱的各个组成部分中摄取不同的营养成分，组合起来以满足身体的物质和热量需求。

那么，我们希望从食用油中摄取什么成分呢?

食用油的主要成分是脂肪，经过精炼的食用油脂肪含量在99%以上。脂肪可以分为饱和脂肪、单不饱和脂肪和多不饱和脂肪三大类。

下面《中国居民膳食指南》对三类脂肪的摄取建议。

- **控制总量，脂肪供能比（即来自脂肪的热量占总热量的比例）在20%～30%，相当于50～60克油。不过这个量不仅仅是炒菜用油，还包括食材中含有的油，比如鸡蛋、牛奶、坚果和肉中本身就含有相当多的油脂。**
- **饱和脂肪的供能控制在10%以下（美国心脏协会的推荐是控制在7%以下），即尽量减少饱和脂肪的摄入。**
- **多不饱和脂肪推荐的供能比应该在6%～11%，也就是不要太多也不要太少。**

除此之外，油中还可能含有一些微量营养素，比如维生素E等。

动物油和植物油大PK

一般来说，除了棕榈油和椰子油，其他植物油在脂肪组成上都“吊打”动物油。

好的食用油，应该是容易满足膳食指南对脂肪营养的需求，即：尽量少的饱和脂肪、适量的多不饱和脂肪、尽可能多的维生素等。前两点是前提，后一点是在此基础上的“加分项”。

人们常吃的动物油是猪油和牛油，其他的如鸡油、鸭油、羊油等并不常用。就饱和脂肪含量而言，猪油在40%左右，牛油约50%，植物油中棕榈油约为50%，椰子油超过90%，其他常吃的植物油饱和脂肪含量都很低，比如菜籽油低于10%，大豆、玉米、葵花籽油都不超过15%，花生油高一些，但也不超过20%。

动物油中的维生素等微量营养素也完败于植物油。

宣称“动物油和植物油要换着吃”，是认为“动物油含有丰富的维生素A和维生素D”，从而得出“动物油和植物油各有优势”的结论。然而这并非事实，除了鱼肝油，一般动物油中不含维生素D，而维生素A的含量也并不高，但它们是饱和脂肪“大户”。而30克猪油的饱和脂肪已经有12克，再加上其他食物中的饱和脂肪，要控制在10%以下的供能比，就不那么容易了。

实际上，经过炼制的猪油、牛油中，只有少量的维生素E，动物油中维生素E的含量远比植物油要低，再考虑到植物油中可能存在的植物固醇等“加分项”，植物油的优势显而易见。

动物油还能吃吗

从营养的角度，植物油完胜动物油，但这并不意味着动物油就一点不能吃了。跟植物油相比，动物油有更好的稳定性，有不同的风味。如果喜欢动物油的风味，那么在做某些食物的时候，少许加入也问题不大。

从营养的角度分析，植物油完胜动物油，但并不是说动物油就不能吃，只是需要记住“为了健康，适量就好”。

鸡蛋不可以小头在上或横放保存?

鸡蛋是家庭常备食材。关于如何储存鸡蛋，说法各异。比如有文章宣称“鸡蛋买回家不能直接放冰箱”，然后列举了一些存放鸡蛋的“禁忌”。存放鸡蛋真有这么多讲究吗?

鸡蛋不可小头在上放置

这种说法的理由是“正确的存放方法是大头朝上、小头在下，这样可使蛋黄上浮后贴在气室下面，既可防止微生物侵入，也有利于保证蛋品质量”。

蛋黄存在于蛋清之中，密度比蛋清小，所以倾向于上浮。不过，蛋黄的两头连着卵带，被卵带所限制，能够上浮的范围并不大。即使大头朝上，蛋黄也不能浮到“贴在气室下面”。更重要的是，即便是紧贴它的那部分蛋黄能够“防止微生物入侵”，气室在鸡蛋中也只是很小的一部分，依然有大量没有气室的部位会面临被细菌侵入的风险。

鸡蛋不可横放保存

这种说法的理由是“鸡蛋存放久了，尤其是外界温度较高时，蛋清在蛋白酶的作用下会慢慢脱去一部分水分，失去固定蛋黄的作用。这时如果把鸡蛋横放，由于蛋黄比重比蛋清小，蛋黄就会上浮靠近蛋壳，变成黏壳蛋。所以鸡蛋不宜横放保存”。

需要指出的是，蛋清不会因为蛋白酶的作用脱水，只会由蛋壳非常缓慢地蒸发失掉一点水分。鸡蛋中固定蛋黄的是卵带，失水并不会使之失去固定蛋黄的作用。

实际上，有学者研究过鸡蛋摆放位置对蛋黄位置的影响，结果是：鸡蛋横放，有利于保持蛋黄在中间。但横放并不方便，此时立起来放小头朝上更有利一些。

冰箱取出的鲜蛋不可久置或再次冷藏

这种说法的理由是“鸡蛋取出后在室温下会‘发汗’，导致微生物透过蛋壳深入蛋液，所以鸡蛋已不能保质，要马上食用”。

冰箱的冷藏温度在4℃左右。除非空气很潮湿，否则拿出来的鸡蛋一般不会出现“发汗”现象。即便出现“发汗”，也是空气中的水蒸气冷凝，但这并不会造成鸡蛋中的细菌增多。

中国市场上的鸡蛋一般是没有经过清洗的，蛋壳表面保留着保护膜。“发汗”冷凝的那点水不足以破坏这层保护膜。

所以，拿出来的鸡蛋尽快食用没有什么不好，但如果改变了主意，也完全可以安心地放回去。

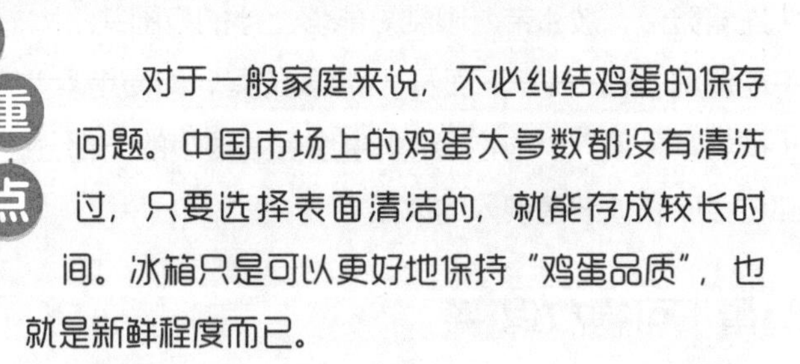

10 红皮鸡蛋、白皮鸡蛋、土鸡蛋、柴鸡蛋，头好晕，选哪款？

超市里有各种各样、形形色色的鸡蛋：有不同养殖方式的，不同蛋壳颜色的，还有宣称富含各种特定营养成分的。这些鸡蛋价格相差巨大，让人眼花缭乱，作为消费者，应该如何选择呢？

各种蛋的价格主要取决于稀缺程度，而与营养价值往往无关

先说个题外话，蛋类的价格和营养并不是“正相关”。比如鸽子蛋和鹌鹑蛋，生产成本高，市场供应量小，自然就价格昂贵。与鸡蛋相比，鸭蛋和鹅蛋的生产成本要更高。鸡蛋之所以成为消费主流，主要原因就是养殖场地需求小、饲料转化率高，因而生产成本更低。

不管是哪一种动物蛋，其营养组成本身都不是固定的。不同品种、不同养殖条件、不同产蛋期，蛋的营养组成也可能有差异。但这些差异可以忽略不计，完全没有必要纠结。

在各种鸡蛋中，营养没有本质差异

可以确定的是，有机蛋、土鸡蛋和规模化养殖的鸡蛋，其营养没有实质性差异。安全性方面，理论上“有机蛋”“土鸡蛋”都没有兽药以及抗生素残留，安全性更有保障。但在现实中，各地监管机构多次从有机蛋、土鸡蛋中检测出兽药超标或者违禁兽药。在风味方面，规模化养殖的鸡吃标准化饲料，鸡蛋风

味比较统一，而走地鸡吃的食物很杂，鸡蛋中可能有不同的风味。对于有些人来说，这些“不同的风味”意味着“味道更好”。但味道是一种高度主观的体验，觉得土鸡蛋和有机蛋“味道更好”，也无可厚非。

市场上的鸡蛋主要有红壳和白壳，还有少量绿壳。蛋壳的颜色基本上是由遗传决定的，跟鸡蛋的营养关系不大。有趣的是，有些人会觉得红壳的“更好”，而有些人会觉得白壳的“更好”。不过就一般规律而言，很多红壳要更厚一些，这使鸡蛋可食用部分少了一点，但蛋壳厚也代表不那么容易破。

有些鸡蛋的卖点是各种“功效成分”，比如红心蛋、富硒蛋、DHA蛋等。这些鸡蛋被渲染成其营养远超普通鸡蛋，价格自然也远超普通鸡蛋。但其实它们与普通鸡蛋相比，有的并没有明显差异，比如红心蛋，只需要在饲料中添加一些色素就可以。而富硒蛋和DHA蛋之类的“高营养鸡蛋”，硒和DHA含量可能比普通鸡蛋高一些，但通过多样化饮食，完全可以从价格合理的常规食品中获得足够的量，没有必要通过这种性价比不高的方式。

鸡蛋是各种蛋类中最经济实惠的选择。但就鸡蛋本身而言，其营养价值没有实质性区别。

11 溏心蛋 Vs 全熟蛋，哪一种更营养？

鸡蛋是一种很优质的食物。关于煮鸡蛋，也出现了两大派之争：有的人喜欢蛋黄没有凝固的“溏心蛋”，有的人则喜欢蛋黄完全凝固的“全熟蛋”。这两种煮法，哪种更好呢？

营养方面，差别不值得纠结

许多人认为加热会破坏营养，所以鸡蛋煮老了就“没有了营养”。这是一种误区。鸡蛋为我们提供的主要营养是蛋白质，此外还有比较丰富的矿物质和一些维生素。

加热不会破坏蛋白质，反而有助于蛋白质的消化吸收。蛋白质消化的过程，就是胃肠中的蛋白酶把蛋白质大分子切成小片段直到成为氨基酸的过程。一方面，鸡蛋中有蛋白酶抑制剂，会降低消化液中的蛋白酶活性，影响消化。经过充分加热，蛋白酶抑制剂被破坏，蛋白质就更容易被消化。另一方面，蛋白质被加热变性，分子结构更加伸展，也有利于蛋白酶发挥作用。

鸡蛋中的矿物质则不会受加热的影响，所以“溏心”还是“全熟”，都不影响矿物质的吸收。

维生素对于温度比较敏感，在加热过程中的确会损失一部分。不过，比较生鸡蛋和全熟蛋的维生素含量，会发现损失量并不大。

简而言之，“全熟”对于蛋白质的消化有利，“溏心”对于减少维生素的流失有利，但二者的差别都不算大，不值得纠结。

安全方面，全熟蛋占优

鸡蛋是一种比较容易受到细菌污染的食品。细菌污染来自两种途径：一是，母鸡体内的细菌会转移到鸡蛋当中；二是，由于蛋壳具有很好的通透性，在储存中遇到的细菌也可能穿过蛋壳而污染鸡蛋。

鸡蛋中最常见的致病菌是沙门菌，污染鸡蛋之后无色无味，不进行专业检测则无法分辨。2010年10月，美国爆发了一起鸡蛋被沙门菌污染的事件，被召回的鸡蛋总数多达5亿只。采取各种卫生措施的工业化养殖尚且难免，不使用抗生素的“有机蛋”、没有卫生监控的“土鸡蛋”“笨鸡蛋”，存在细菌感染的风险只高不低。

鸡蛋中可能出现的致病菌都很怕高温。美国农业部推荐，鸡蛋制品加热到71℃以上，就可以充分杀灭致病菌。蛋白的凝固温度大概在62℃左右，蛋黄则在68℃开始凝固。溏心蛋的蛋白凝固了而蛋黄没有凝固，说明没有达到杀灭沙门菌的温度。如果正好鸡蛋被污染，就只能自求多福了。而全熟蛋的中心因达到杀灭细菌的温度，所以安全就有保障。

风味方面，自己喜欢的就是最好的

有些人喜欢争论“哪种做法更好吃”，就像豆腐脑的咸甜之争。但好不好吃，自己的感觉才有价值。哪怕全世界的人都认为这种好吃，也丝毫不会影响你觉得那种好吃。

鸡蛋，到底该怎样煮

如果喜欢全熟蛋，自然是毫无问题；如果喜欢溏心蛋的口感，就需要在美味和安全之间权衡。需要说明的是，“有一定风险”并不意味着“不安全”“不能吃”。许多食物，比如牛排、海鲜、刺身等都存在风险，但可以小心食用。如果鸡蛋的生产管理很好，鸡蛋本身没有被细菌污染，那么溏心蛋也是安全的。

实际上，在“溏心蛋”和“全熟蛋”之间，还有许多中间状态。我们也完全可以操控火候，让蛋黄刚好凝固但又没有过度加热。

实现这种火候的一种煮法

冷水放入鸡蛋，开火煮到水开就停火，盖盖状态下等待10分钟，把鸡蛋捞出来放入凉水中降温，就可以得到“熟而不老”的煮鸡蛋。

全熟蛋的蛋白质更利于消化，溏心蛋含有更多维生素，但二者差异不大。从健康角度考虑，前者更安全。至于选什么，自己喜欢就好。

12 大米怎么储藏不容易生虫？生虫米还能吃吗？

许多人都遭遇过“米虫”：好好的大米里突然出现了许多红褐色到黑色的芝麻大小的虫，让人心里发毛。

米虫是怎么来的

米虫的学名叫作“米象”，或者“象鼻虫”。它们之所以“突然出现”，是因为“种子”就隐藏在大米本身或者盛放米的容器中。水稻还在田里的时候，就可能携带着一些虫卵。此外，在把水稻加工成大米的过程中，机器和仓库中也可能有虫卵进入大米中。虫卵很小，又是半透明的乳白色，也就不容易被发现。

在阴凉干燥的环境中，这些虫卵默默地潜伏着。如果一直处于阴凉干燥的环境，这些虫卵就不会孵化，最终无声无息地消失了。

但是如果储存环境发生变化，比如在高温潮湿的季节，这些虫卵就可能孵化成幼虫，然后成蛹、成虫，再产卵。如果温度高、湿度大，这个生命周期能短到20天就完成一次。一只雌虫最多可以产下数百个卵，实现“虫数激增”。如果条件不合适，比如温度降到15℃以下或者空气湿度不够，它们就会进入休眠状态，潜伏下来等待时机。

米虫有毒吗？被米虫咬过的大米还能吃吗

米虫是一种昆虫。就像许多可以食用的昆虫一样，不管是它的成虫还是虫卵，都没有毒素，被误食也没有安全问题。它们咬过的大米，会出现空洞，但并不会影响大米的食用安全性。

当然，米中出现了米虫，总是很影响食欲，即便不想浪费这些“长虫的大米”，也还是希望把它们去掉。其实方法也不麻烦，连米带虫在冰箱里冻一晚上，虫就被冻死了，然后再仔细淘洗大米，把死去的米虫去掉即可。

如何储存大米

大米是中国人不可或缺的主粮，家里一定要储存相当数量的大米才安心。总体来说，大米的含水量很低，不足以支持细菌和霉菌的生长，所以只要不受潮，基本上就不会变质。

储存时要考虑温度。如果温度过高，那么大米的风味口感会较快下降。如果温度高且湿度大，就有可能长出米虫。长了米虫之后，虽然也能吃，但往往不好吃。所以，合理储存大米，对于保证大米品质是很重要的。

除此之外，还要保持干燥。只要空气湿度比较低，米虫也不易生长。

在现代家庭中，通常人数较少，所以可以买小包装、真空包装的大米。只要不开封，放在阴凉的地方，即便空气湿度大，也不太影响保存期。开封的小包装，如果短期内吃不完，建议封口后放在冰箱里，避免长虫，也有利于保持良好的口感。

被米虫咬过的大米，可以安全食用。合理储存大米，对于保证大米品质非常重要，既能减少生米虫，还能让大米保持更好的口感。储存时要保证低温、干燥。

13 冰箱里的肉到底能够放多久？又如何化冻？

冷冻是储存食物很好的一种方式，然而冷冻对食物的形态会有一定改变。就肉制品而言，在冰箱里能放多长时间呢？细菌会大量滋生吗？

肉类到底能够冷冻多久

在冷冻温度下，微生物停止繁殖，生化反应停止进行，就不会有危害健康的物质出现。所以，如果只考虑食品安全，那么冷冻食品可以无限期保存。

但食品安全只是食品品质的一部分。冷冻时肉中的水分可能会蒸发，肉中的一些成分可能会跟氧气反应，出现所谓的“冻烧”现象。这样的肉在外观、气味和口感方面会明显下降。所以，冷冻食品也会设定一个保质期，这个保质期是指它们的风味口感能够接受的期限，而不是说过期了就会危害健康。

这个保质期的长短跟冷冻时的包装方式密切相关。如果只是把肉扔在冷冻室里，那么很快就会出现“冻烧”现象，肉还会吸收冰箱里的异味。如果密封抽真空再冷冻，那么就可以冷冻几个月甚至一两年。如果是买来的冷冻肉，不开封直接冷冻，那么过了厂家定的保质期也没什么问题。

在冷冻温度下，蛋白质不会分解，脂肪也很难氧化，不会产生胺类、醛类、酮类等而让人食物中毒。

化冻时的细菌生长跟冷冻时间无关

在冷冻温度下，细菌只是停止了增殖而没有被冻死。当恢复到适宜温度，它们又会重新活跃起来。也就是说，化冻时细菌也有可能会生长。

细菌在冷冻过程中并不会增加，化冻时细菌的滋生跟冷冻时间的长短也无关。冷冻1年化冻，并不会比冷冻1天化冻有更多的细菌。

也就是说，不存在冷冻的时间越长，细胞被破坏得就越多，渗出的蛋白质和水分也就越多的说法。其实，细胞的破坏发生在冷冻的时候。在水从液态转化为固态的过程中，有一个阶段会形成冰晶，从而破坏细胞膜。一旦冷冻到最终温度（通常是-18℃），细胞膜也就不会再进一步破坏了。不管冷冻多久，也都是同样的破坏程度。

现在，很多冷冻食品采用了速冻技术，避免了冷冻过程中冰晶的形成，所以细胞几乎不会被破坏。

合理化冻可以避免细菌显著增加

食物中细菌的生长需要以下3个条件。

生肉在冷冻之前没有经过杀菌，所以会有一定量的细菌，也就成为化冻时的菌种。肉中营养物质丰富，确实很适合细菌生长。

控制化冻时的细菌生长，关键就是控制温度。

推荐的化冻方式是提前1天拿出来，放在冷藏室里化冻。这个化冻时间会长达若干小时，但温度不会超过冷藏温度，可抑制细菌生长。

最快速的化冻方式是微波炉。很多微波炉有“化冻”功能，可以在很短的时间内化冻，也不需要担心细菌生长。但是，微波化冻不够均匀，有可能表面的肉都熟了，里面的肉还没有化开。

在冷藏化冻和微波化冻之间的折中，是把密封的肉放在凉水里化冻，中间换几次水。密封可以保证不增加其他细菌；凉水不会使肉的表面温度升高，细菌也难以快速生长；但因为水温比冷藏温度高且水的传热效率高，所以化冻速度要快得多。

冷冻食品保质期的长短跟冷冻时的包装方式密切相关。食物中细菌的生长需要3个条件：菌种、营养成分和温度。合理化冻可以避免细菌显著增加。

14 鲜肉、排酸肉、冷冻肉，有什么不一样？

在超市里买肉，会看到“鲜肉”“排酸肉”“冷冻肉”等不同种类。它们之间有什么不同，我们又该如何选择呢？这要从动物宰杀后肉的变化说起。

肉的僵直与成熟

动物活着的时候，肉是弱碱性的，比如活猪肉体的pH值通常在7.4左右。动物被宰杀之后，体内的酸碱调节系统停止工作，肌糖原和其他一些物质分解，产生乳酸和磷酸，肉的酸度就会慢慢增加。随着酸度增加，肌肉中的蛋白质凝固，肌纤维变硬，肉的口感就变差了。这个状态，被称为“僵直”。

当糖原继续分解，产生更多的乳酸，肉的pH值会进一步下降，肉质开始变得松软有弹性，口感变好，少量蛋白质降解为氨基酸，肉的风味有所上升。这个时候，被称为“成熟”。

“成熟”后的肉如果继续在常温下存放，肉中的蛋白质和脂肪会继续分解，细胞发生自溶，肉的风味和口感都变差。这个时候，肉就开始变质了。

所以，动物屠宰后，如果在“僵直”状态之前食用，口感风味还是很好的。潮州牛肉讲究“现杀”“新鲜”，就是要避免进入“僵直”状态。否则，就要等到肉进入成熟期，才会有更好的风味口感了。

鲜肉

鲜肉，是指“宰杀、加工后，不经过冷冻处理的肉”。在传统的屠宰加工中，通常是半夜开始宰杀，早晨上市销售。消费者买到的肉，差不多是在宰杀后6～10小时。在这个时间里，肉的温度从“体温”慢慢降到“室温”，这个温度非常适合细菌的生长。

这样的肉，名义上称作“新鲜”，但因其处于僵直期，风味和口感往往会比较差。

排酸肉

宰杀后6～10小时的“鲜肉”，风味口感都相对较差。对于消费者来说，买回这样的肉，可以再存放一段时间，等它进入成熟期在烹饪食用，风味口感就会好些。不过，它已经在常温下放置了较长时间，继续常温存放，可能会滋生更多细菌。所以可以把它放在冰箱里，第2天再烹饪食用。

但这样的操作比较麻烦，而且在购买前的那几小时内，肉也可能受到细菌、苍蝇等污染，卫生状况下降。

为了克服这些不足，排酸肉出现了。“排酸肉”的全名是“冷却排酸肉”，在国家标准中简称为“冷却肉”，而在生活中则简称为“排酸肉”“冷鲜肉”。它是指在良好操作规范和良好卫生条件下，活畜禽屠宰后检验检疫合格，经冷却工艺处理，使肉中心温度降至0～4℃，并在储运过程中始终保持此温度的生鲜肉。

也就是说，冷鲜肉从屠宰环境和操作流程开始就有更高的要求，宰杀之后要快速冷却到冷藏温度，然后一直保持冷藏状态，所以称为“冷鲜”。在这个温度下，肉经过僵直达到成熟的时间比较长，通常要24小时以上，但它能够有效避免细菌生长和细胞自溶，达到成熟期后肉的风味和口感更佳。

排酸肉的加工时间更长，对于屠宰、加工和储存的要求更高，成本也就更高，所以超市里销售的价格也要贵一些。如果我们对于肉的安全性和风味口感有更高的要求，为这个价格差异买单还是值得的。

冷冻肉

不管是鲜肉还是排酸肉，都不能长期存放，即便是在冰箱里冷藏，也会很快变质。

要长期存放肉类，就需要冷冻。“冷冻肉”指的是宰杀、加工后，在-18℃及以下冷冻处理的肉。传统的冷冻操作降温速度慢，肉中会形成冰晶而破坏细胞，化冻之后对肉的口感影响很大。现在，通常是在宰杀后进行预冷，然后进行速冻，即让肉中心的温度达到-6℃之后，再转入-18℃冰箱冷冻保存。在速冻中，肉的温度快速降低超过结晶点，避免了冰晶的形成，得以让肉质保持得更好。

冷冻肉可以长期保存，安全性也更高，这是它最大的优势。当然，因为“冷冻—化冻”，肉的风味口感比起鲜肉有所下降。尤其是自己买回来的鲜肉不能及时吃完而进行的冷冻保存，因为不是速冻，对风味口感的影响就更大。如果是规范生产的冷冻肉，不拆封、一直保持冷冻，那么风味口感的差别也不算很大。

最后需要强调一点：市场上有商家把冷冻肉化冻到冷藏温度，宣称“冷鲜肉”进行销售，这是违反国家标准的，属于虚假宣传。

敲重点

鲜肉是指宰杀、加工后不经过冷冻处理的肉，“僵直”状态后风味和口感较差；排酸肉即“冷鲜肉”，是经冷却工艺处理的生鲜肉，风味和口感较好；冷冻肉是在-18℃及以下冷冻处理的肉，其风味和口感会受到稍许影响。

15 为什么有人煮的绿豆汤是绿色，有人煮出来的是红褐色？

绿豆汤是一种受很多人欢迎的饮品。在夏天喝一碗绿豆汤，无疑是一种享受。

不过，有的人煮出来的绿豆汤是绿色，而有的人煮出来的却是黄褐色甚至发红，这是怎么一回事呢？

绿豆汤的绿与红

绿豆的皮是绿色的，其中含有比较多的叶绿素。在煮的过程中，叶绿素溶到了汤中，也就呈现出绿色。

绿豆皮中还有丰富的黄酮类物质。这些黄酮类物质在自然状态下不会影响叶绿素本来的绿色。但是，如果它们与一些金属离子结合或者被氧化，颜色就会变深，比如黄色、红色甚至褐色。这些深色的色素与叶绿素混在一起，叶绿素也就体现不出绿色了。

如何煮出绿色的绿豆汤

要煮出绿色的绿豆汤，关键就是避免黄酮类物质的氧化。如果水中有金属离子，一方面会促进黄酮类物质氧化，另一方面也可能直接与一些黄酮分子结合而呈现出较深的颜色。

以下操作有助于避免黄酮类物质氧化和显色。

（1）用陶瓷锅，不用铁锅。铁锅会溶出一些铁离子，虽然量很少，但也足以促进黄酮类物质氧化了。而陶瓷锅、合格的不锈钢锅，则几乎没有金属离子溶出，可以避免黄酮类物质氧化。

可以尝试在水里加一片维生素C。维生素C具有很强的抗氧化性，可以保护黄酮类物质不被氧化。

（2）用纯净水而不是自来水。自来水中有较多钙、镁离子，还有一些余氯，也会促进黄酮类物质氧化。

（3）把水烧开一会儿再下绿豆。把水烧开，继续煮沸一会儿，可以让其中的氧气尽量跑掉。氧气少了，也就不容易发生氧化了。

（4）煮的时候盖上锅盖，减少空气溶入水中，以减少氧化反应。

（5）稍微加一点白醋或者柠檬汁，降低水的pH值。弱酸性不利于氧化反应的发生。不过要注意的是，白醋或者柠檬汁加多了会让绿豆汤变难喝，得不偿失。

变色的绿豆汤也没问题

即便是采取了上面这些措施，也只能让绿豆汤保持“更长时间”的绿色。煮得再好的绿豆汤，长时间放置也会逐渐变成黄褐色甚至红色。

实际上，绿豆汤“不绿”，并不影响食用。黄酮类物质氧化变色了，也不会变得“有毒有害”，只是风味可能有所不同。这就类似于优质的绿茶茶叶泡出来的茶水是无色或者很浅的黄绿色，但放久了，也会因为茶多酚被氧化而逐渐变黄。

无论是绿色的绿豆汤还是红色的绿豆汤，都可以放心饮用。

16 豆子不好熟，炖汤烧菜时怎么能快速煮烂？

豆类杂粮通常都难以烹煮。由于其有坚硬的外壳，没有煮烂的话很难下咽。利用高压锅当然是一个简单的解决方案，但是在古代，人们有什么办法来解决这个问题呢？

来自无名氏的民间智慧

在欧洲，有一本无名氏写于1838年的书，介绍了两条煮豆的秘诀：一是用河水或者溪水，而不要用井水；二是，如果只有井水可用，就在里面加入苏打粉。随着苏打粉的加入，水会变白变混浊，一直加到水不再变白为止，然后用澄清的水来煮豆。

分子美食学的创始人蒂斯对这种民间智慧充满了兴趣。他试图用实验来验证这些秘诀，并且寻求背后的科学机制。他首先想到的是：苏打粉的加入增加了水的碱性，是不是酸碱性对煮豆会有影响呢？他的实验证实了这一猜测。

为什么加碱有助于把豆煮烂？蒂斯分析说，豆类的坚硬外皮是由果胶和纤维素组成的，而果胶分子中有大量的羧基。羧基是有机酸的功能基团，醋之所以酸就是因为醋酸分子中有一个羧基。在酸性环境中，羧基会老老实实地待着；而在碱性环境中，羧基的氢原子会离家出走，跟碱“私奔”而去。这样，剩下的羧基就因为缺了氢原子而带上负电。不同的果胶分子都带上负电，就会互相排斥。正所谓最坚固的堡垒总是从内部攻破，当果胶分子们互相拆台，由它们组成的豆的外皮也就土崩瓦解了。

在水里加苏打粉，其作用并非仅仅是增加碱性。河水、溪水与井水的区别，还在于水的硬度。水的硬度是衡量水中钙和镁含量的指标。井水中的钙、镁离子多，所以水的硬度高。苏打粉是碳酸钠，能与钙、镁离子结合生成沉淀。加入苏打粉后看到水变白，就是沉淀出来的碳酸钙和碳酸镁。当没有更多的白色沉淀产生，就说明其中的钙、镁被除去得差不多了，水的硬度也大大降低了。

从无名氏的民间智慧来看，是不是水的硬度对煮豆也有影响呢？为了验证这一点，蒂斯继续做实验。而实验结果再次证实了他的想法。蒂斯解释说，钙离子含有两个正电荷，能够与豆类外皮中的植酸和果胶结合。这种结合把它们紧紧拉在一起，要想攻破很费劲。

现代煮豆的正确打开方式

现代人当然不用这么复杂。很多人用的桶装水是经过纯化的，水的硬度本来就不高。温度是影响煮豆的显著因素。在高压锅里，温度能够达到110～120℃，虽然这只比普通锅里高10～20℃，但足以使煮豆效率大大增加。

增加碱性对于把豆煮熟很有效，但是它也会带来其他影响。比如煮绿豆，人们除了希望将绿豆煮熟，还希望尽量保持汤的鲜绿和营养。虽然加碱可以更快煮熟，但是绿豆汤中的一些多酚化合物，在碱性条件下会被迅速氧化，生成棕褐色的色素，从而使绿豆汤变色。此外，酸碱性对汤的味道也会有很大影响。所以，要不要通过加碱来加快煮豆，需要全面考虑。

要想把豆煮得烂熟，除了用高压锅、增加煮制时间外，用纯净水也是一种有效方法。

17 空气炸锅，为什么炸不出油炸的风味？

在与生俱来的饮食偏好中，油炸食品是大多数人喜欢的。随着人们健康意识的提高，“油炸食品不健康”的理念也逐渐普及，但在“美味”与“健康”的纠结中，人们往往败给了舌尖。

空气炸锅的出现似乎给人们带来了一个“两全其美”的解决方案。所谓“空气炸”，就是不用油，通过操控空气的温度与流动产生油炸的效果。

本质上说，空气炸锅其实跟烤箱更为接近——只不过它的热空气是受控流动的，传热效率会比传统的更高。

“空气炸”PK油炸

油炸的本质，是以高温的油为介质去加热食材，而空气炸锅则是把热空气作为介质——既然都能够达到足够的温度，也能够通过对流高效地传热，“空气炸”是否就能完美地代替油炸呢？

从消费者的使用体验来看，有的食材如油炸半成品，或者本身含油量较高的食材，空气炸的效果尚可；而对于那些本身含油量较低的食材，空气炸就相形见绌了。

但不管什么食材，不管多先进的空气炸锅，不管多么高明的厨艺，都只能说“可以做出比较好吃的食物”，而这种“好吃”跟真正油炸食品带来的口味、口感有着明显不同。

这是因为在油炸的过程中，油并不仅是加热介质，它也参与风味的形成。

很多人都知道油炸食品的特有香味来自美拉德反应。美拉德反应是一系列极为复杂且不确定的化学反应，基本的反应物是糖和氨基酸，碳水化合物和蛋白质是糖和氨基酸的供体。在高温下，糖和氨基酸会发生多步、多方向的反应，中间会生成许多中间产物。这些中间产物会继续相互反应，也可能与其他物质发生反应，最终让食物呈现焦黄亮丽的颜色，同时释放出多种挥发性的分子，产生诱人的香味。

食用油中的脂肪酸分为饱和脂肪酸和不饱和脂肪酸，前者稳定性比较好，后者容易发生氧化反应。脂肪酸氧化也是一系列复杂且不确定的反应，跟美拉德反应一样，生成的中间产物会继续互相反应，也能与其他物质发生反应。

在油炸食品中，美拉德反应和脂肪酸的氧化反应同时存在，其中间产物会互相进入对方的反应体系中。或者说，糖、氨基酸和脂肪酸形成了一个集成了美拉德反应和油脂氧化反应的反应体系，最终形成了油炸的特有风味。

所谓“风味”，由什么决定

脂肪酸氧化对于油炸风味的影响并不是确定的“好”或者“坏”。不同的油其脂肪酸组成不同，在高温下氧化的产物也不同。此外，其他杂质的含量对油脂的氧化也有一定影响。有的氧化产物会让风味更好，而有的则让风味更差。餐饮行业早已发现，不同的油炸出来的食物风味并不相同。比如说同样的食材，用猪油或者花生油炸出来的食物比大豆油炸出来的更香。不用油的“空气炸”，风味跟炸出来的差别明显，也就很容易理解了。

大型连锁餐饮企业面临的一大挑战，就是要保证油脂的稳定性。早些年，快餐行业普遍使用氢化植物油，配方与工艺也都是基于氢化植物油进行开发和优化的。后来，氢化植物油中的反式脂肪被证实有害健康，不用它是大势所趋。但监管机构没有一步到位地禁用，而是给了相当长的时间作为过渡期，促使行业逐渐淘汰氢化植物油。这样做最大的原因就在于，如果突然禁止使用，餐饮行业一时间找不到合适的替代品来保证产品的平稳替换，对于消费者并没有好处。但通过食品科学家们不断地调配油的组成、改进油炸的工艺，现在已经很好地完成了替代——不用氢化植物油炸出来的食品，消费者几乎感觉不出差异。禁用氢化植物油，也更容易实现了。

在现实操作中，人们还发现：使用过一段时间的油，比新油炸出来的风味更好。原因在于，油在使用中累积了一定量的氧化中间产物，这些产物参与到美拉德反应中去，对于风味物质的形成与组成起到了积极作用。但如果油使用的时间过长，累积的中间产物自身的风味，或者参与到美拉德反应中，对于风味的形成就可能起到消极作用。

所以，大型的油类供应商以及快餐企业会深入研究不同的油在不同的油炸过程中发生的变化，从而掌控它们对于风味的影响，并且跟踪“有害副产物”的变化，从而让油能够在成本、风味与安全性之间获得最佳平衡。

不同的油其脂肪酸组成不同，油炸出来的食物风味也不相同。这就是“空气炸”的风味跟传统油炸出来的食物风味有明显差异的原因。

Part 3

健康养生篇

朋友圈里的以讹传讹

生酮饮食减肥靠谱吗?

在与健康有关的话题中，减肥无疑是经久不衰的热门话题。任何一种稍微能够“自圆其说”的饮食方式或者减肥方法，都能够吸引一大批人追随尝试。生酮饮食就是其中的一种，但它是靠谱的减肥饮食吗?

生酮饮食及其代谢机制

生酮饮食是指高度限制碳水化合物、大量摄入脂肪的食谱。典型的生酮饮食中，来自脂肪的热量占总热量的70%~80%，来自蛋白质的热量为10%~20%，而来自碳水化合物的热量只占5%~10%。这跟各国膳食指南推荐的三大营养素比例大相径庭。

人体的生理活动需要热量。正常情况下，热量由碳水化合物来提供。光是大脑活动所需要的热量，每天就需要120克葡萄糖。

当人体处于饥饿或者碳水化合物缺乏的状态，就会消耗肝糖原以及暂时分解肌肉来供能。如果这样的状态持续三四天，糖原消失殆尽，血液中的胰岛素水平大大降低，身体就会分解脂肪来作为主要热量来源。

在肝脏中，脂肪被分解为酮体作为葡萄糖的替代品。这种替代，自然会改变身体的代谢状态，从而影响健康。

于是问题就变成了：这种影响，是否有助于减肥？其对整体健康会有什么样的影响？

生酮饮食可用于治疗儿童癫痫

19世纪，生酮饮食被用于治疗糖尿病患者。20世纪，人们发现生酮饮食对治疗儿童癫痫有明显效果。当酮体在血液中累积，就会减少癫痫的发生。数据显示，生酮饮食能让癫痫的发作频率至少减少一半。

不过，生酮饮食有明显的不良反应，比如便秘和肾结石。采用生酮饮食的儿童，约有5%会出现肾结石。这个不良反应可以算是较为严重了，而后来又出现了有效的抗癫痫药物，生酮饮食也就慢慢淡出了人们的视野。

20世纪90年代中期，好莱坞导演吉姆·亚伯拉罕斯的儿子患有严重癫痫，通过生酮饮食得到了很好的控制，之后他建立了一个基金来推广这种疗法。由于演艺圈名人的号召力巨大，加上许多媒体也参与了生酮饮食的宣传，生酮饮食又吸粉无数，这也促进了科学家们对它的研究。

除了儿童癫痫，生酮饮食还被用于许多跟神经有关的疾病，比如阿尔茨海默病、自闭症、帕金森病等。有一些初步研究显示了生酮饮食有一定的作用，不过综合权衡效果与证据强度，并没有达到临床推荐的等级。

生酮饮食减肥，是以损害健康为代价

对于大多数人来说，对生酮饮食的兴趣是它能否帮助减肥。

有许多研究探索过生酮饮食对减肥的影响。大多数研究的持续时间都比较短，一般在4～12周，少数持续时间能到1年。总体来看，生酮饮食能够使体重降低，此外，体脂率、胰岛素水平、血压、腰臀比等指标也有所改善。

当血液中的酮体含量过高时，人体会出于酮血症的状态。在这种状态下，肾会排出酮体和体液，从而导致人体脱水，体重迅速减轻。或许这就是有的人采用生酮饮食导致体重迅速下降的原因。

当遵循生酮饮食时，人体可能会出现许多不适，比如饥饿、疲劳、情绪低落、便秘、头痛等。较长时间的生酮饮食会增加肾结石、骨质疏松和高尿酸的风险。

相对于癫痫的控制，这些不良反应或许可以接受。但为了降低体重而承担这样的风险，可能就不值得了。

该如何看待生酮饮食

从实验结果来看，短期的生酮饮食对于减轻体重以及改善某些生理指标有一定帮助。不过，如果跟其他健康的减肥方式相比，生酮饮食就没有什么优势。

首先，生酮饮食已经有明确的不良反应。其次，长期进行生酮饮食容易营养不良，其对健康会有什么样的影响，也还没有充分的研究。

作为一种医疗手段，生酮饮食是值得研究和关注的。至于日常生活中用它来减肥，就不是一种好选择了。

02 爱美人士追捧的酵素，真有那么神奇？

传说中酵素有“排毒”“减肥”“美容”等功效，但酵素真的有这些神效吗？让我们从酵素的本质说起。

“酵素”“水果酵素”是什么

“酵素”其实是个日语词汇，在规范的中文里，它早就有个正式的名字——酶。酶是大多数生命活动中不可或缺的催化剂，各种酶的缺乏往往会带来或大或小的问题。

“水果酵素”的制作流程大致是：把某种水果切块，加上糖，密封放置一段时间得到的产物。这其实就是一个简单的发酵过程，外加的糖与水果中的糖为细菌生长提供了“主食”，水果中的细菌获得了安居乐业的生存空间。在细菌的代谢中，糖被转化成酒、乳酸、醋酸等，同时也产生各种各样的酶。

如果把水果换成青菜或芥菜，得到的是酸菜；换成蔬菜，并加入大量的水，得到的是泡菜；换成煮熟的大豆，得到的是酱油；换成煮熟的糯米，并加入酒曲，得到的是酒酿。

准确地说，“水果酵素”是水果的发酵液，而不是真正意义上的酶。与那些传统的发酵食品相比，“水果酵素”的不确定性更大，而“水果酵素”里真的有什么，只有天知道！

吃酵素，有用吗

商品营销中常见的忽悠：“这个东西对身体很重要，所以你需要补充。”有些成分的确如此，比如维生素、矿物质。而酶，哪怕是真的缺了，通过口服来补充也没什么用。这是因为酶的本质是蛋白质，其活性的基础是蛋白质的完整结构。吃到肚子里，经过胃的酸性环境，几乎没有哪种酶能够保持“完整”。即使有，想要发挥作用，还得碰巧被直接吸收进入血液。

那些觉得服用“酵素”有用的人，首先应看看手里的酵素产品是不是“三无”产品；其次要仔细分辨其配方中加没加具有促便作用的成分，比如膳食纤维、“果胶”“菊粉”等；最后就要考虑，这种“有效”会不会出于强大的心理安慰。

为什么有人体验“有效”

因为自己发酵的过程无法进行品质监控，有可能出现致病细菌或者有害代谢产物，喝了导致腹泻——很多人，会把这种“反应”当成了“排毒”“减肥”。

甚至还有一些酵素产品，为了体现“通便”效果，在其中加入了其他通便成分。这类产品看起来“很有效”，但其实跟酵素没什么太大关系。

酶的本质是蛋白质，经过胃液消化，其活性几乎丧失殆尽。想要通过口服“酵素”瘦身、美容、排毒，想多了。

03 黑巧克力到底能不能减肥？

有科学研究显示黑巧克力减肥，不少明星也透露自己减肥的小秘诀是黑巧克力。

黑巧克力真有这么神奇吗？让我们细细道来。

黑巧克力的特别之处在于含有大量的可可粉

巧克力的核心原料是可可脂与可可粉。可可豆经过发酵、烘烤、去皮等处理之后，被研磨压榨成“可可浆”，也叫“可可液块”。可可浆能够被分离为可可脂和可可粉，然后进一步加工成其他食物。

可可脂是一种植物油，其饱和脂肪含量很高，熔点在34～38℃，所以具有“只融在口，不融在手”的特点。可可粉则是提取了可可脂的可可豆残渣，类似于大豆榨完油之后的“豆饼”。可可豆中含有的铁、镁、锰、锌等矿物质以及各种多酚类化合物，经过处理之后，主要存在于可可粉中。可可粉中有大约60%的碳水化合物、20%的蛋白质以及超过10%的油脂，具有浓重的苦涩味。

典型的巧克力需要在可可浆里添加可可脂，以及牛奶或奶粉、糖等其他配料。可可脂改善了口感，而其他配料降低了可可粉的苦涩，使巧克力具有良好的风味和口感。

白巧克力是完全不含可可粉的，主要是糖、牛奶和可可脂的混合物，因而没有苦味。黑巧克力则是另一个极端，含有大量的可可粉。可可粉中含有多酚类化合物，巧克力中的可可粉含量越高，巧克力就越“黑”，其特有的苦涩味就越浓郁。

黑巧克力有益健康，但证据不算充分

多酚类化合物是植物的代谢产物，具有抗氧化作用，越来越多的证据显示它们对人体健康有诸多好处，尤其是心血管健康，有助于降低2型糖尿病风险等。此外，可可粉中的矿物质，也是人体健康所必需的。

因为黑巧克力含有更多的可可粉，富含多酚类化合物，所以人们自然会联想黑巧克力是不是有利于健康。相关研究不少，不过质量高的并不多。《英国医学杂志》(*BMJ*)在2011年11月发表了一篇系统评价的文章，作者搜索了各个科学论文数据库，也只找到7项符合质量要求的研究。而且，这7项研究都只是流行病学调查，并没有科学证据等级更高的随机对照研究。这7项研究共涉及11.4万多名志愿者，跟踪时间长达8～16年。研究的结果是：与吃巧克力最少的人群相比，吃巧克力最多的人群的心血管疾病发病率要低37%，脑卒中发病率低29%。不过，这些研究对“吃的最多”缺乏统一定义，有的是“多于一周1次”，有的是“多于1天一次”，还有的是“多于一周5次”。

简而言之，这篇综述指出：吃巧克力对于心血管健康可能有好处，但是科学证据并不充分。需要注意的是，这里的巧克力一般是指黑巧克力或者可可粉。此后，又有一些相关研究。不过就像《国际环境研究与公共健康期刊》2019年发表的一篇关于巧克力与健康的综述给出的结论：没有明确的科学证据支持传说中的那些健康益处。

“黑巧克力有助于减肥”，理论上有可能，但科学证据有限

科学家们跟巧克力爱好者一样关心黑巧克力中的多酚类化合物是否对减肥有额外的帮助。2013年的《植物疗法研究杂志》上发表了一篇文章，作者搜集整理了此前涉及黑巧克力减肥的研究，指出：多酚类化合物对减肥的作用有一些细胞研究、动物研究和人体研究，显示了一定的可能性；学术界也提出了它们帮助减肥的一些机制，比如降低与脂肪酸合成有关的基因表达、抑制脂肪和碳水化合物的消化吸收、增加饱腹感、降低食欲等；黑巧克力帮助减肥的研究证据存在，但并不充分。2020年，《营养素》上的另一篇综述总结了过去10

年间关于可可多酚与黑巧克力对肥胖影响的研究文献，结论依然是“不同研究结果之间存在冲突”。

所以，基于目前的科学证据只能是：在推荐“食用少量黑巧克力来减肥”之前，还需要长期的临床研究。

通过吃黑巧克力来减肥这事儿，理论上有可能，但目前科学证据还很有限，并不建议大家这么做。

04 朋友圈排行榜前十的“清肠排毒”，你入坑了吗?

现代都市生活中，人们对健康越来越关注，各种“养生”“保健”方法层出不穷，“清肠”就是其中很流行的一种。有些人为肠道做“水疗”，吃保健品；有些人放弃鸡鸭鱼肉，改吃素食；有些人，不吃米饭，只吃粗粮……

这些想法、做法，合理吗?

从“宿便”到“清肠”，想象出来的养生概念

与“清肠”如影随形的概念是“宿便”。人们认为“便”是污秽的，所以必然含有很多“毒”。当它们“宿”于体内，那些“毒”就会被吸收从而危害身体，所以就有必要通过“清肠”把那些“宿便”排出，并且把附着于肠壁的那些“便”与“毒”也清除掉。

实际上，现代医学中并没有“宿便”的概念。“宿便”与“肠毒”都只是臆想，并不符合科学事实。

食物在胃里进行“预消化”，然后进入小肠进行充分的消化和吸收，剩下的残渣进入结肠。这些残渣中的电解质和水分会被进一步吸收，而膳食纤维会被肠道菌分解一部分，剩下的残渣到达直肠就变成了“便”。

从小肠到达直肠的时间较长，所以残渣的组成与身体状态都会影响便的状态。如果通过得比较快，吸收得少，便就会比较软，极端情况就会出现腹泻；如果通过得很慢，水分被吸收得过多，残渣就会比较硬，极端情况就会出现便秘。

“便”是食物的残渣，消化吸收的过程并不会产生毒素，进入大肠被肠道菌发酵，正常情况下也不会产生毒素。也就是说，“便中有毒素”本身只是臆想。对于食物中可能存在的毒素，一般很难在形成“便”后被吸收了。

既然“毒”是臆想出来的，“清肠排毒”自然就没有必要。便在体内“宿”多久，跟食物和身体状况有关。但只要不是便秘，能够正常排便，就没有必要去纠结它“宿”了多久。

即便“没有必要”，“清一清”会怎样

“清一清”会怎样，需要根据如何“清”来讨论。

比如肠道SPA，即大肠水疗，号称可以“排出体内毒素，改善便秘、腹泻，调节肠道菌群结构，预防结直肠癌，并有美容、减肥、调节内分泌等作用”，基本上就是堆砌了各种跟健康有关的时髦用语。这种疗法是让纯净水或者含有药物的水经过结肠流进流出，从而促进排便，并把肠“清洗干净”。但是，便在大肠中的停留是有健康意义的。人体要从中吸收水和电解质，而“有便意”的时候大脑会发出指令，从而完成排便。通过水疗，相当于强行制止了肠道对水和电解质的吸收，并且通过刺激肠道欺骗大脑发出排便的指令。

人体本来有自己的运行方式，偶尔干扰问题不大。但如果经常强行干扰，它会在你的“精心呵护”中变得混乱。

那些“清肠”的保健品

市面上还有许多“清肠”的保健品。但其实很多“清肠”保健品都是通过添加药物来刺激肠黏膜神经，引起排便反射，从而促进排便。如果真的是严重

便秘，使用药物也是合理的选择。不过要不要选择药物、选择什么样的药物，最好咨询专业医生，不要只是通过广告和推销去选择那些被吹得天花乱坠的保健品。

对于大部分人来说，如果只是轻微的便秘，可以先通过改变饮食、避免久坐、增加运动量来缓解。至于“清肠”，请理性看待。

05 喝醋能养生？药醋真的有用吗？

醋是一种历史悠久的发酵食品，在发展过程中还被人们赋予了各种“功效”——开胃消食、保健养生、减肥消脂，甚至入药治病。醋真的有那么神奇吗？

醋里有什么

不管是哪种醋，核心成分都是醋酸。酿造的醋是用酵母把粮食中的碳水化合物转化成乙醇，再用醋酸菌进一步转化成醋酸。因为原料和发酵微生物的多样性，醋中还有一些柠檬酸、苹果酸甚至乳酸等。此外，醋还含有原料中的一些维生素、氨基酸、矿物质、多酚类化合物等。醋酸之外的这些成分，为醋带来了不同的风味。

醋的那些“保健功能”靠谱吗

“喝醋养生”常指醋可以软化血管、降血脂。这个说法其实来自十多年前的一些动物实验和流行病学调查。当时，对这些研究的评价是“非常初步，需要进一步的研究”。但这么多年过去了，并没有深入的研究，那这个说法就很值得怀疑了。

醋中有一些营养成分，在体外的细胞实验和动物实验中显示“可能有抗癌功效”，这就被演绎为喝醋可以抗癌。不过，多数食材也都含有这些成分，而且更为丰富。更有意思的是，2003年中国的一项病例对照研究显示喝醋有利于降低食管癌的发病率，其作用与摄入蔬菜、豆类差不多。而2004年国外发表了一项类似研究成果，却显示喝醋能导致膀胱癌的发病率增加4.4倍。

醋被研究过的其他“功效”还有防治糖尿病、血脂异常、高血压、肥胖等。直到今天，这类研究基本上都是体外细胞实验、动物实验或者流行病学调查，只有极少数的临床试验，而且样本数也很少。这样的研究在科研领域叫作“初步研究”，不能支持任何结论。但在广告营销中，商家就把这类研究演绎成“现代科学研究证实”。

泡了营养品的醋呢

许多人喜欢用醋或酒来泡东西，相信这样的“药酒”“药醋”会有特别的功效。其实，在这个过程中，醋和酒只是起到了溶剂的作用，并不会产生新的物质。如果所泡的东西是可以直接吃的，那么直接摄取“目标成分”的效率反而更高。如果所泡的东西是不能直接吃的，那么就得考虑功效成分是什么、浸泡后的提取率有多高等问题了。就通常人们用醋泡的那些东西而言，“功效成分”往往也是“脑补”出来的，指望泡了营养品的醋有什么保健功能，基本上是一厢情愿。

醋的核心成分是醋酸，“喝醋养生”仅停留在初步研究的阶段，并没有得到证实。而药醋还要看泡的是什么、泡了多久，就别指望它能有什么保健功能了。

06 网上盛传10种空腹不能吃的食物，孰真孰假？

网上盛传着许多“空腹不能吃”的食物，下面是最典型的10种。空腹吃这些食物真有那么恐怖吗？

番茄

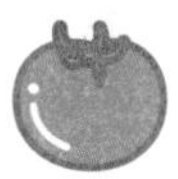

理由 “番茄中含有大量的果胶，会使胃内压力增强，造成胃扩张和胃痛。”

真相 且不说空腹吃果胶会造成胃扩张和胃痛这个说法是否正确，这里对番茄的描述并不正确：100克番茄中的膳食纤维含量是1.2克，而果胶只是膳食纤维的一种，也就是说番茄根本不是“含有大量果胶”。

香蕉

理由 “香蕉中含有大量的镁，空腹吃会使人体中的镁突然升高，对心血管产生抑制作用，有害身体健康。”还有一些把“钾含量高”作为理由。

真相 香蕉中的镁含量并不算高，低于许多绿叶蔬菜、坚果、鱼类、豆类和粗粮。香蕉中虽然含钾丰富，但相对于人体需求量也是远远不够的。

柿子

理由 “柿子中含有大量的果胶、单宁，食用后容易与胃酸形成难溶解的凝胶块，出现恶心、呕吐、胃溃疡等症状。”

真相 空腹摄入大量单宁确实可能导致胃部不适，但单宁含量高的柿子会有明显的涩味。所以，不应该空腹吃“涩柿子”，熟透的柿子可以空腹吃。

山楂

理由 “山楂中含有大量的有机酸，空腹吃会加重胃酸，对胃黏膜造成刺激，导致胃胀、胃酸、加重胃痛。”

真相 胃酸的pH值比这些有机酸都要低，所以空腹吃山楂不会引起胃酸。

菠萝

理由 “菠萝里含有菠萝蛋白酶，空腹吃会伤胃，最好在饭后吃，营养成分才能被吸收。”

真相 菠萝里的“菠萝蛋白酶”，其活性范围是中性偏酸，在胃的强酸性下，基本上没有活性，想要伤胃，力有不逮。

牛奶

理由 “牛奶中含有大量的蛋白质，空腹饮用只会将蛋白质‘被迫’转化为热量消耗掉，起不到营养滋补的作用。”

真相 牛奶中含有约3%的蛋白质，但同时还有4%的脂肪和5%的乳糖，有足够的糖被转化为热量，并不需要“动用”蛋白质。乳糖不耐受的人喝牛奶时会出现不耐受反应，空腹时反应会更明显。

蜂蜜

理由 “空腹喝蜂蜜水会使体内的酸性增加，时间长了会得胃溃疡。”

真相 蜂蜜水就是糖水；没有什么食物可以使体内的酸性增加。

酸奶 

理由 “酸奶空腹喝会增加胃酸的浓度，影响食欲和消化功能。”

真相 胃液的酸度比酸奶高，喝酸奶反而会降低胃酸的浓度。另外，胃蛋白酶本来就是在酸性条件下起作用，酸奶不会影响消化功能。

茶 

理由 “空腹喝茶不仅会降低消化功能，还会引起‘茶醉’，即心慌、头晕、四肢无力、肠胃不适等。”

真相 如果茶很浓，其中的咖啡因含量会很高，空腹喝会导致身体在短时间内摄入大量咖啡因，从而出现“醉茶”现象。

酒 

理由 “空腹喝酒容易刺激胃黏膜，引起胃炎、胃溃疡等病变。”

真相 跟胃里有食物相比，空腹喝酒时胃肠中的酒精浓度高，吸收更快，从而更容易醉酒。

敲重点

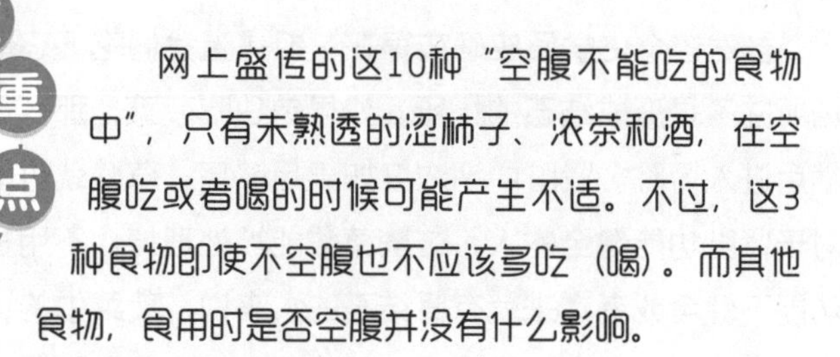

网上盛传的这10种“空腹不能吃的食物中”，只有未熟透的涩柿子、浓茶和酒，在空腹吃或者喝的时候可能产生不适。不过，这3种食物即使不空腹也不应该多吃（喝）。而其他食物，食用时是否空腹并没有什么影响。

老爸老妈喜欢转发的“食物相克”到底靠不靠谱?

每个中国人都听过食物相克的传说，食物的成分有很多种，可以互相组合发生的反应理论上也有无数种。两种食物一起吃，出现“相克”的不良后果，在逻辑上是有可能的。但现实中，是否要让“食物相克”左右自己的饮食呢?

菠菜与豆腐

这或许是流传最广的“相克”组合。传说其“相克”理由是豆腐中的钙和菠菜中的草酸会结合生成不溶性的草酸钙，在体内形成结石。

虽然这个化学反应确实存在，但是当我们吃下它们的时候，发生反应的场所并不是形成结石的场所。如果单独吃菠菜，那么草酸就会被人体吸收，然后进入肾脏。肾脏中钙浓度如果足够高，草酸就可能与之结合形成结石。对于肾脏功能健全的人，这些草酸能被处理掉，不用担心，但对于那些肾脏功能不健全或者本来就有肾结石的人来说，菠菜中的这些草酸就是雪上加霜了。但菠菜和豆腐一起吃下，形成草酸钙也是在胃肠道，会被直接排出，对肾影响很小。另外，草酸易溶于水，在烹饪处理的过程中，草酸也会大大减少。

豆浆与鸡蛋

豆浆与鸡蛋相克的理由有二：一是豆浆中有胰蛋白酶抑制剂，能够抑制蛋白质的消化，降低营养价值；二是鸡蛋中的黏性蛋白与豆浆中的胰蛋白酶结合，形成不被消化的物质，大大降低营养价值。

大豆中的确含有胰蛋白酶抑制剂，其作用是抑制胰蛋白酶的消化作用，从而降低对蛋白质的吸收。但我们不会喝生豆浆，在煮熟豆浆的过程中蛋白酶抑制剂就被破坏了，不会影响对蛋白质的消化。

所谓“黏性蛋白与胰蛋白酶结合”纯属以讹传讹。胰蛋白酶是人体的胰腺分泌的酶，作用是分解蛋白质，在植物中并不存在，豆浆中自然也不会有。

维生素C与海鲜

维生素C与海鲜相克的理由是“海鲜里的五价砷会被维生素C还原为三价砷，从而使人中毒甚至死亡”。

实际上，海鲜里的砷主要以有机砷的形式存在，无机砷的含量在海鲜里的所占比例很低，且多是五价砷，少量是三价砷。有机砷对人体无毒，五价砷在特定条件下有可能被维生素C还原为三价砷。但人体不是化学反应器，这个反应在体内条件下能否发生、反应效率，也都未知。按照最坏的情况来估计，砷含量超标几倍的海鲜，其中的无机砷完全转化成三价砷，也得一下子吃下几百千克海鲜才能中毒致死。

海鲜与啤酒

海鲜与啤酒相克是指二者同吃会导致痛风。其实海鲜和啤酒一起吃并不会生成有害物质，只是海鲜和啤酒这两种痛风风险因素叠加了而已。

有靠谱的“食物相克”例子吗

从理论上看，本来无毒的两种东西碰到一起，需要发生复杂的变化才可能产生毒性。而烹饪、混合或者摄入，食物成分之间发生的反应都很简单。

即便是一些在“理论上可能”产生毒性的反应（比如五价砷转化为三价砷），食物中的反应物也非常少，远达不到产生毒性的地步。

很多所谓的“相克”，仅仅是一些食物成分之间发生反应，生成的产物不能被人体吸收而已。其会随着肠道排出，可能会影响某些营养成分的吸收，但并不会像传说中的那样，会产生有毒物质。

广为流传的“食物相克”传说几乎都被解析过，甚至还有科研机构对其中的一些流言进行了临床试验，但并没有发现哪一种搭配能产生“毒性”。

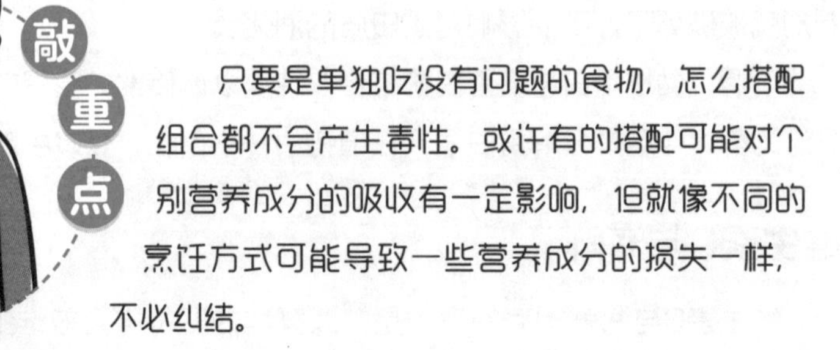

只要是单独吃没有问题的食物，怎么搭配组合都不会产生毒性。或许有的搭配可能对个别营养成分的吸收有一定影响，但就像不同的烹饪方式可能导致一些营养成分的损失一样，不必纠结。

柿子不能同吃的食物好多，它怎么这么特殊？

每到吃柿子的季节，柿子的各种食用禁忌让人们充满纠结。

那些深入人心的观念，有靠谱的吗？

柿子与食物相克的说法都是因为单宁

所有关于柿子的禁忌都是用单宁来解释的。

单宁也被叫作“鞣酸”“单宁酸”“没食子酸”等，在植物中广泛存在。在常见的食物中，柿子、石榴、蓝莓、坚果、红葡萄酒等含有较多的单宁。

单宁可以被分为可溶性单宁和不可溶性单宁。可溶性单宁能与蛋白质结合生成不溶性沉淀，且在胃肠中不能被分解。

如果大量摄入可溶性单宁，其会与胃蛋白酶结合，使之失去活性从而无法消化蛋白质。它们会把胃中的蛋白质形成不溶性复合物，再加上柿子中的果胶等成分，混在一起形成“胃柿石”，就可能造成消化道阻塞，导致腹痛。所以，如果同时摄入大量单宁和蛋白质，那么确实可能出现问题。

柿子不一定富含可溶性单宁

柿子中的可溶性单宁含量相差巨大，一般在0.4%～4%。一个柿子中到底含有多少单宁，跟柿子的品种和成熟状态密切相关。甜型品种的单宁最高可达

2%，涩型品种可高达4%以上。在成熟软化过程中，可溶性单宁的含量逐渐降低，完全甜型的柿子成熟后可低于0.1%。

对于那些单宁含量很高的柿子，可以通过“脱涩处理”来降低可溶性单宁的含量。比如民间有用温水或者石灰水来浸泡，商业化生产中用乙醇、二氧化碳或者氮气来处理，都是行之有效的方法。

可溶性单宁跟舌头触碰，会让我们感到涩味，单宁含量越高就越涩。人的舌头对单宁很敏感，如果我们不觉得涩，说明可溶性单宁的含量很低。

只要柿子不涩，就可以与螃蟹一起吃

“螃蟹与柿子不能一起吃”是一条被广泛传播的“食物相克”流言。除此之外，还有“柿子和酸奶”“柿子和牛奶”等“相克”组合。这些流言都是从“单宁与蛋白生成不溶性沉淀”衍生出来的。

但是只要柿子不涩，可溶性单宁的含量很低，就没有什么问题了。

需要注意的是，螃蟹是一种“容易吃出问题”的食物。它主要存在以下3个方面的风险。

各种甲壳类动物都是主要的过敏原，有些人天生就不能吃。

不新鲜的螃蟹体内会有大量组胺，摄入较多组胺会导致人体中毒。

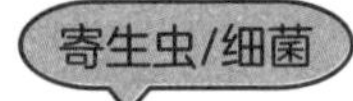

螃蟹的生活环境中往往有大量的寄生虫和细菌，如果没有充分做熟，就容易使人“中招”。

因为这些因素的存在，尤其是过去人们对此缺乏了解，就会有不少人吃螃蟹吃出问题。一旦出问题，就会牵强附会地找一个“背锅侠”，也就有了各种禁忌。

其他关于柿子的传说

除了螃蟹等高蛋白食物，还有许多食物与柿子“相克”的说法，比如香蕉、茶、酒、梨、橘子、红薯等。

实际上，如果大量吃下单宁，即使没有与高蛋白食物一起吃，也同样可能出问题。食物在胃中有相当长的排空时间，你觉得没有“同吃”，但此前吃的食物还有一些停留在胃里。如果出现了问题，人们往往会把原因归咎于跟柿子一起吃的食物，这些食物也就“中枪”了。

如果胃里没东西（通常所说的“空腹”），单宁就有更多机会与胃壁接触。单宁与胃壁上的蛋白质结合，会让人觉得难受。

只要吃不涩的柿子，就不会有问题；如果吃的是涩柿子，即使不吃“相克”的食物，也可能会有问题。

09 关于木瓜的“三大养生传说”，你知道吗？

“木瓜丰胸”的传说流传甚广，对许多人来说，它是真是假并不重要，反正挺好吃，“万一是真的呢”。

“木瓜丰胸”，这个传说据说古而有之

中国古代的木瓜外形浑圆饱满，人们根据“以形补形”的思路演绎出了它能“丰胸”的说法。从今天的眼光来看，“以形补形”是完全没有科学依据的。

当然，喜欢为“先人智慧”辩护的人们，总是试图去用现代科学的术语去解释古人的传说。比如，很多人说木瓜中富含木瓜酵素和维生素A，可以刺激乳房发育。所谓的“木瓜酵素”是一种蛋白酶，其作用是分解蛋白质，但吃到肚子里，经过胃酸也会失去活性，无法被人体吸收去发挥其作用。当然，木瓜蛋白酶还是很有用的，比如用来腌老而柴的肉，就可以让它变嫩，尤其是青木瓜榨出来的汁，蛋白酶含量更高，效果也就会更好。在做名小吃“姜撞奶”的时候，用它代替姜汁，就可以得到“木瓜撞奶”。但分解蛋白质的作用，显然跟乳房发育搭不上关系。

至于维生素A，就更加莫名其妙。且不说维生素A的生理作用跟乳房发育无关，其实木瓜里不含维生素A，含有的是胡萝卜素，而木瓜中胡萝卜素的含量跟胡萝卜相比也不值一提。

木瓜是“转基因”食品

这个并非谣言，市场上的木瓜，基本上都是转基因品种。这是因为木瓜中有一种环斑病毒，足以摧毁整个木瓜产业。1998年，美国批准了能够抗这种病毒的转基因木瓜，挽救了这个产业。后来，这种木瓜也被引进中国，而中国科学家们也研发出了自己的转基因木瓜来对抗这类病毒。虽然中国对于转基因食品采取“定性标注”的原则，不过转基因木瓜一开始并没有被要求标注，后来也就沿袭下来。所以中国市场上的其他食品，没有标注转基因时默认是不含有转基因成分，而木瓜则是例外——考虑到环斑病毒的广泛性，果农们种植的应该都是转基因品种。所以市场上的木瓜基本上都是转基因的。可以说，在其他农作物中，转基因技术的应用是为了让种植更容易，人们可以选择“转”还是“非转”；而在木瓜中，转基因技术是为了让种植成为可能，人们只能在“吃转基因木瓜”和“没有木瓜吃”之间选择。

孕妇吃木瓜易导致流产

这个传说不仅仅是在中国有，在其他国家，木瓜甚至成为孕妇的禁忌。但是要验证这种说法的真伪，显然不能用人来做试验，科学家们只能用动物。

实验1

一种实验是直接喂怀孕的老鼠木瓜果肉。科学家们发现，成熟的木瓜果肉对怀孕老鼠没有影响，但未完全成熟的生木瓜或者木瓜皮（不管是否成熟）的提取物，会对怀孕造成影响，比如导致死胎、早产，生下的小鼠体重也要轻一些。

实验2

另一种实验是把老鼠子宫的平滑肌切下来，用木瓜汁或者流产药物处理。结果发现，那些平滑肌对成熟木瓜的汁没有反应，而未成熟木瓜的汁则能够刺激平滑肌收缩，反应跟流产药物类似。

这些实验说明，木瓜中的确有可能对胎儿产生不利影响的成分。当然，人跟老鼠毕竟不一样，对动物有害的东西，未必对人体一定有害。不过在安全方面，我们需要遵循“谨慎”“保守”的原则。木瓜毕竟只是一种水果，避免吃未完全熟透的木瓜就是安全的。

“木瓜丰胸”，听听就好。对孕妇来说，建议少吃，而且要吃完全成熟的木瓜。

10 全民推崇的全谷物，你选对了吗？吃对了吗？

在很长的历史时期内，“精米白面”都是富足生活的标志。到了现代，精米白面又成了“不健康食品”的代表。美国的膳食推荐主张用“全谷物”代替精米白面。对中国人来说，更熟悉的用语是“粗粮”。那么，粗粮和全谷物有什么区别？一度被当作贫穷象征的它们，又是如何实现华丽变身的？

什么是全谷物

“全谷”是相对于精米白面说的，一般指糙米和其他把连皮在内的整体都完全食用的谷物。谷物包括胚芽、胚乳和麸皮三个部分。精米白面去掉了麸皮，胚芽也所剩无几，主要保留了种子中的胚乳部分。胚乳中主要是淀粉、少量蛋白质与膳食纤维，维生素与矿物质含量非常少。而在麸皮和胚芽中，含有大量的膳食纤维，蛋白质的含量也要高一些。此外，种子中的维生素和矿物质也主要存在于胚芽与麸皮中。

“粗粮”这个概念是针对“细粮”来说的。传统意义上，把大米和小麦以外的其他各种粮食都叫作粗粮，比如玉米、高粱、小米、燕麦、荞麦等谷物，红薯、土豆等块状茎类，还有大豆、绿豆、红豆、青豆、黑豆等各种豆类。

“全谷”是从加工角度来说的，而“粗粮”则是从粮食种类来说的。比如稻谷，加工成精米就是精粮，加工成糙米就算是全谷。而小麦，连皮带粉加工成“连麸面”，就是“全麦粉”，如果去掉麸皮，就是“细粮”“精粉”。

“全谷”好在哪里

严格意义上的“全谷”只指连皮带胚一起吃的谷物。与精粮相比，全谷物含有更多的膳食纤维、矿物质、维生素以及一些抗氧化成分。全谷物的魅力就来自这些成分。

其中最重要的是膳食纤维。膳食纤维不能被人体消化吸收，也不能为人体补充营养物质。它们会完好无损地通过胃到达大肠。在大肠里，可溶性纤维会被肠道菌发酵，产生一些短链脂肪酸和维生素，这对人体有一定好处。所以，这些可溶性膳食纤维能够调节肠道菌群。有越来越多的科学实验证实，肠道菌群的种类与数量对人体健康有非常重要的影响。此外，可溶性膳食纤维可以带走一部分胆汁，从而减少体内的胆固醇，这对维持心血管健康比较有利。不可溶性膳食纤维具有良好的吸水性，有助于食物残渣顺利排出体外，这对解决便秘问题非常有效。不管是可溶性膳食纤维还是不可溶性膳食纤维，都有较强的饱腹感，能让人觉得“饱了”，却不提供多少热量，这对于控制体重很有利。

在全谷物中，膳食纤维多了，淀粉就少了。而且膳食纤维的存在也阻碍了消化酶与淀粉的接触，降低了消化速度。所以，与精粮相比，食用粗粮之后，血糖生成指数的上升明显要低。这对于糖尿病患者就很有价值。

现在，一般推荐成年人每天摄取25～30克膳食纤维。经济条件好的地区，食物以精米白面以及肉类为主，往往达不到这个量。

矿物质和维生素都是维持人体正常生理活动不可缺少的营养成分。对于多数人来说，矿物质和维生素往往处于缺乏或者刚好满足需求的状态，距离“过量”还很远。全谷物中提供的这些营养成分，对缺乏的人是很好的食物来源，对不缺乏的人也不会成为负担。比如100克全麦粉中含有12克膳食纤维，可以提供人体一天所需要的20%～30%的锌和铁，以及全部的硒和大量B族维生素。而100克精粉中的膳食纤维只有2～3克，锌只有一天需求量的5%左右，硒则降低了一半。如果不通过添加剂来强化的话，铁和B族维生素的含量也会大大降低。

如何对待全谷物

全谷物的优势是增加了膳食纤维以及维生素、矿物质等营养成分的摄入，减少了热量，所以对各种治疗慢性疾病有所帮助。需要注意的是，这个“全谷食物”必须是货真价实的全谷物。有的宣称“全谷”的食物，其实只是加了一点全谷成分，主要通过色素等来做出全谷物的外观。这种名义上的“全谷食物”，实际上跟“精粮食物”是一样的。

健康饮食的关键是营养的全面均衡，全谷只是实现这个目标的方式。对于许多经济条件比较好的人，膳食纤维摄入严重不足，热量过多，肥胖、血脂异常、糖尿病成了主要威胁，全谷物就是很好的健康食品。而对于贫困地区的人来说，本来就以粗粮和蔬菜为主，连热量都难以保障，就不应该强调全谷食品。对于这样的人群，精米白面是更好的食物。

一般而言，全谷物比精加工食物更有营养，但口感不如精加工食物。只要控制精加工食物的总量，增加蔬果（尤其是蔬菜）的量，也可以获得类似全谷物的健康效益。

11 红枣不能补铁，这两种食物就是“补铁专家”？

铁是人体必需的营养素，铁摄入不足可能导致贫血，所以人们经常把“补铁”和“补血”等同起来。传说中的“补血食物”，比如红枣，经过食品、营养和医学界专业人士持续多年的科普，已经被辟谣，那究竟吃什么能补铁？

继红枣后，又出现了“补血专家”：葡萄干和山楂。它们真的能补血吗？

指望葡萄干“补血”，是数据来源的错

有文章说，“葡萄干补血，是由于新鲜葡萄经过速干等处理，其中的铁含量较多，每100克葡萄干中含有9.1毫克的铁”。

成年男性每天的铁摄入量推荐值是12毫克，女性为20毫克（孕妇更高）。如果每100克食物中含有9.1毫克铁，的确很高。但需要注意的是，100克葡萄干中的碳水化合物含量超过80克，大部分是糖，为了摄入这些铁而付出的代价太高了。而且葡萄干中的铁跟红枣中的一样，属于非血红素铁，吸收率并不高。

更重要的是，这个“9.1毫克/100克”的数据很可疑。查阅营养成分表中葡萄的相关数据发现，不同种类葡萄的铁含量虽然有所不同，但都在“0.5毫克/100克”以下。在葡萄变成葡萄干的过程中并没有铁的产生，铁含量的增高仅仅是由于脱水而浓缩。基于葡萄到葡萄干的脱水量，葡萄干的含铁量难以达到这么高。

也就是说，所谓“葡萄干是补血专家”是基于“9.1毫克/100克”这个铁含量数据。但即便是基于这个数据，也不能认为葡萄干是很好的补铁食物，何况这个数据本身也并不可靠。

“山楂补铁”，更是牵强附会

“山楂补血”的理由是：“山楂中维生素C含量多，而且有一种有机酸，维生素C可以在一定程度上借助有机酸，把非血红素铁转化为血红素铁，有助于缓解贫血的症状。”这是无中生有的臆想。山楂的含铁量少，且是非血红素铁，无助于补铁。它确实含有不少维生素C，也含有机酸，但它们都无法把“非血红素铁转化为血红素铁”。

维生素C确实对非血红素铁的吸收有一定帮助，但这种帮助的前提是食物本来就富含铁。只吃山楂，对补铁毫无意义。

如何补铁最高效

高效补铁，需要考虑铁的含量和吸收率。

动物性食物中的铁是血红素铁，吸收率比较高，比如动物血和动物肝脏，每天吃几十克就能满足铁的需求量。不过动物肝脏中的维生素A、胆固醇含量也很高，容易摄入过量，应注意不要摄入过多。红肉中的铁含量虽然不像动物血和动物肝脏那么高，但吃法多样，也可以作为补铁的常规食物。

粗粮、豆类等植物性食物含铁也不少，但其属于非血红素铁，吸收率不高，不建议作为补铁首选。

红枣、葡萄干、山楂不补血，真正补血的是动物血和动物肝脏。

12 吃鸡蛋真有那么多禁忌？

鸡蛋是一种优秀的食物，不仅营养价值高，而且很美味，价格也不算贵。但是，一种食物吃的人多了，就会出现许多“禁忌”和传说。下面解析2条被传得火热的“吃鸡蛋禁忌”。

发热的人不宜吃鸡蛋

这个禁忌的理由是“鸡蛋中的蛋白质为完全蛋白质，进入机体可分解产生较多的热量，所以发热吃鸡蛋后，体内产热增加，散热减少，如同火上浇油，对退烧不利”。

这个说法完全是胡说八道。

第一，鸡蛋中的蛋白质是完全蛋白质，完全蛋白质指的是蛋白质的氨基酸组成跟人体需求很接近，所以能够高效地满足人体对氨基酸的需求。蛋白质是否属于完全蛋白质，跟进入机体后产生的热量毫无关系。实际上，食物中的各种蛋白质产生的热量都差不多，所以在营养学中，蛋白质的热量值都按4千卡/克来计算。

第二，食物在体内产生的热量跟发热毫无关系。发热是人体受到病菌侵袭时免疫系统的一种防御反应，而食物产生的热量则是食物成分在体内代谢之后供给人体新陈代谢的热量。生病时，人体也需要维持正常的生理活动，所以摄入全面均衡的营养成分是必要的。

炒鸡蛋时不能放味精

这条禁忌的理由是“鸡蛋本身含有许多与味精成分相同的谷氨酸，所以炒鸡蛋时放味精，不仅不能增加鲜味，反而会破坏和掩盖鸡蛋的天然鲜味”。

味精的化学成分是谷氨酸，而鸡蛋中确实含有很多谷氨酸。但是，游离的谷氨酸才能产生鲜味，而鸡蛋中的谷氨酸被聚合在了蛋白质的大分子中，并不能被舌头体验到“鲜味”。当然，鸡蛋中也有少量游离的谷氨酸，有一定鲜味。鲜味的浓淡跟游离谷氨酸的总量有关，跟天然来源还是来自味精没有关系。所以，炒鸡蛋放味精并不会“破坏和掩盖鸡蛋的天然鲜味”。

如果你觉得鸡蛋的“原味”不够鲜，完全可以放一点味精（或者鸡精）；如果你认为鸡蛋的“原味”已经足够鲜，自然不需要放味精了。

鸡蛋只是一种普通的食物，只要保证卫生、充分做熟，不必担心不能与什么食物一起吃。

13 鸡蛋胆固醇含量高，每天到底该吃几个？

鸡蛋在日常生活中十分普遍，但随着人们越来越关注健康，“每天最多能吃几个鸡蛋”成为热门话题。

有些科普说“每天不能超过1个鸡蛋”，这是真的吗？

“每天不能超过1个鸡蛋”

这个说法的理论依据是胆固醇。鸡蛋中的确含有较多的胆固醇，一个中等大小的鸡蛋约50克，大约含有200毫克胆固醇。营养学的传统观点认为胆固醇摄入过多会增加心血管疾病的风险，因此人们对富含胆固醇的鸡蛋生出了几分疑虑。又有一些流行病学调查发现，那些每天吃1个鸡蛋的人群中，心血管疾病的发病率并不比不吃鸡蛋的人高。这个结果的意思，其实是“每天吃1个鸡蛋没问题”，并不是说“吃得更多会有害”。但在传播中，这个结论逐渐被歪曲，最后演变成“每天不能超过1个鸡蛋”的谣言。

营养学的进一步发展对许多传统认知进行了修正，以前对鸡蛋的误解也慢慢被解开。虽然血浆中的胆固醇依然是心血管疾病的风险因素，但是饮食中的胆固醇对血浆胆固醇的影响很小。这是因为人体能自动调节胆固醇的合成和吸收，也就是说鸡蛋中虽然含有很多胆固醇，吃到肚子里却很少被吸收。另外，一个鸡蛋中的饱和脂肪大约是1克，相对于世界卫生组织建议的饱和脂肪控制量（每天20克左右），鸡蛋中的这个含量还是可以接受的。

鸡蛋是种很有意思的食材。它由蛋白和蛋黄两个部分组成。蛋白中，除了水几乎就是蛋白质。不用分离纯化就有如此高纯度的蛋白质，在天然食材中实属罕见。所以许多“讲究”的人，只想要蛋白质而不想要胆固醇，就只吃蛋白部分。从全面营养的角度出发，蛋黄的营养更丰富，比如维生素D、维生素A、铁和锌，富含它们的常规食材并不多，蛋黄是这些营养成分的良好来源。所以，不建议只吃蛋白，不吃蛋黄。在现代食品加工中，蛋白被应用到各种加工食品中。

鸡蛋与过敏

在婴儿配方奶粉和现代婴儿辅食出现之前，蛋黄是许多地区首选的婴儿辅食。跟其他食材相比，蛋黄的营养密度高、易消化，尤其铁，更是婴儿辅食最需要考虑的因素。以前，儿科指南不推荐过早给婴儿食用鸡蛋食物。后来，流行病学调查发现，早一些引入鸡蛋食物，并不会增加婴儿鸡蛋过敏的风险。

鸡蛋的过敏原主要存在于蛋白中，蛋黄引起过敏的可能性并不高。不过需要注意的是，水煮蛋的蛋黄吸水性很强，直接喂容易出现噎食，应该加水捣散了再喂给婴儿。

鸡蛋是一种营养丰富的食物。吃得过多的“危害”并不是它有什么有害成分，而是会影响饮食均衡。把鸡蛋作为多样化饮食的组成部分，多吃几个、少吃几个，并没有多大关系。

14 尿酸高、痛风，真的不能吃火锅和豆制品吗？

尿酸高和痛风是困扰许多中老年人的慢性疾病。尿酸高是导致痛风的主要原因，而尿酸高又跟饮食有着较为密切的关系，对于高尿酸人群，也就有了许多饮食禁忌，比如“尿酸高、痛风人群不能吃火锅和豆制品”，那对这类人群而言，到底哪些是真禁忌？

吃火锅会不会摄入嘌呤，取决于吃什么

火锅只是把食材做熟的一种烹饪方式，而嘌呤来自食材，并不在烹饪过程中产生。如果食材含嘌呤，在涮煮的过程中会有一部分进入汤底；如果食材本身不含嘌呤，那么就不会有嘌呤进入汤中。所谓“火锅汤底因为反复烧煮，容易产生嘌呤”完全是臆测。如果本身涮煮的食材嘌呤含量很低，即使反复熬煮，也不太可能生成嘌呤。

也就是说，吃火锅是否会摄入大量嘌呤，并不是因为火锅这种烹饪方式，而是由“吃什么决定”。

不同食物中的嘌呤含量相差较大。高尿酸人群在日常饮食中需要避免高嘌呤食物，在吃火锅时应尽量减少摄入；低嘌呤食物在吃火锅时完全可以吃。

实际上，火锅的吃法还有利于降低食物中的嘌呤含量。在煎、炒、烹、炸、蒸等常规的烹饪方式中，食材中的嘌呤基本被保留。火锅的食材通常要切得薄一些，在涮煮的过程中更有利于嘌呤溶入汤中，从而降低食物中的嘌呤含量。只要不是吃完火锅把汤底都喝掉，那么摄入的嘌呤反而更少。

常见食物的嘌呤含量

不同食物的嘌呤含量相差较大。

在常见食材中，动物内脏的嘌呤含量最高，比如肝、腰、心、脑等。此外，某些鱼类（比如沙丁鱼、青鱼、三文鱼）、扇贝等，嘌呤含量也很高，通常在200毫克/100克以上。

各种肉类，比如猪肉、牛肉、羊肉等，嘌呤含量也比较高，通常每100克含100~200毫克。

一些干食材，比如菌菇类和干豆类，每100克中的嘌呤含量能达到100毫克甚至超过200毫克。但是这种比较并不合理，毕竟我们讨论的食材（不管是内脏还是海鲜肉类）都是按照“鲜重”来比较的。如果按照“鲜重”或者烹饪之后的“熟重”来计算，那么这些食物中的嘌呤含量就不算高了。

豆制品并不增加痛风风险

高蛋白食物往往伴随着较高的嘌呤，豆制品中的蛋白质含量很高，所以许多人认为豆制品会增加痛风的发病风险。

首先强调一下，蛋白质是人体必需的营养成分。即便是尿酸高，也需要摄入足够的蛋白质。

跟肉类和水产品相比，豆制品是适合高尿酸人群的蛋白质来源。

前面说了干豆类中的嘌呤含量确实比较高，但人们很少直接吃大豆（即便吃炒黄豆，食用量也不会大），一般是做成豆浆或者其他豆制品。把大豆做成豆制品，含水量增加，每100克食物中的嘌呤就降低了。此外，在大豆浸泡吸水的过程中，还有一部分嘌呤会溶入水中而被去除。比如豆腐，嘌呤含量通常在70毫克/100克以下，而煮熟的大豆则不到50毫克/100克。这样的嘌呤含量，跟西蓝花、豌豆、菠菜、柿子椒、香蕉等蔬果差不多。

2011年《亚太临床营养杂志》（*APJCN*）发表过一篇文献综述，收集了6项关于豆制品与高尿酸血症（或者痛风）关系的流行病学调查，都没有显示食用豆制品会增加高尿酸血症或者痛风的发病风险。5项临床研究虽然显示食用大豆蛋白会增加血浆中的尿酸，但增加量很小，并不具有临床意义。

2012年《营养、代谢与心血管疾病》发表过一项针对上海中老年男性的流行病学调查，结果显示：动物蛋白摄入量高的人群中尿酸高的更多，而植物蛋白摄入量越高的人群中尿酸高的反而越少。

2022年《营养学前沿》发表的一篇综述保持了相同的结论：虽然直接吃大豆会增加血浆中的尿酸含量，但食用豆制品（比如豆腐等）对尿酸没有影响，所以豆制品可以作为高尿酸血症患者和痛风患者的优质蛋白来源。

简而言之，高尿酸人群也需要摄入足够蛋白质，而豆制品等植物蛋白并不增加痛风的发病风险。

对于尿酸高的人来说，吃火锅注意优选食材，不喝火锅汤底即可。豆制品等植物蛋白并不会增加痛风的发病风险。

15 豆制品吃多了容易结石？

豆腐是一种很健康的食品，不过社会上总流传着“结石患者不能吃豆腐”的说法。那吃豆腐或其他豆制品会不会导致结石，或者加重结石病情呢？

大豆中，与结石有关的物质主要有三种：嘌呤、钙和草酸

嘌呤在人体内会转化成尿酸，过多的嘌呤可能会对尿酸盐结石有一定影响。干大豆中含有较多的嘌呤，不过经过浸泡，很多嘌呤被除去了。豆浆和豆腐中都含有大量的水分，会大大稀释嘌呤的浓度。所以，豆腐和豆浆中的嘌呤含量并不高。

许多肾结石是草酸钙沉淀，所以有人担心豆腐中的钙会增加草酸钙的形成。事实是，钙要到尿液中才能形成结石，而食物中的钙并不一定会进入尿液。研究数据表明，钙摄入量不足反倒会增加结石风险。这是因为钙摄入不足时，人体会释放体内的钙入血，反而会增加尿钙含量。所以，即使是结石风险较高的人群，依然需要摄入适当的钙。不过需要注意的是，富含钙的食物有助于降低结石风险，而钙片则不具有同样效应，反而可能增加结石风险。这可能是由于食物中的钙能结合自身含有的草酸，避免了草酸被吸收；而钙片使身体在一段时间大量摄入钙，可能会增加尿中的钙，从而成为结石的原料。

草酸是出现肾结石最常见、最主要的原因。它进入尿液后，与其中的钙结合形成草酸钙。草酸钙溶解度很低，所以容易析出成为结石。

豆腐中含有多少草酸

大豆中含有很多草酸，而制成不同的食品之后，草酸含量则相差很大。2005年，《农业与食品化学杂志》发表过一篇论文，其测定了30种豆制品中的草酸含量。在所检测的19个品牌的豆腐中，18个品牌的草酸含量在0.1毫克/克以下，属于低草酸食品。只有1个品牌的草酸含量达到了0.13毫克/克。而其他使用全部或者大部分大豆成分制成的豆制品，草酸含量就相当高，比如炒黄豆、豆酱等。

豆腐中的草酸含量低可能有以下2个原因。

浸泡大豆的过程中一部分草酸溶解到水中被除去了。

石膏豆腐或者卤水豆腐，凝结之后会经挤压或者自然放置而除去一部分水，其中的草酸也会随之被除去。

至于内酯豆腐的草酸含量，因为没有数据，所以不好比较。不过从制作过程来看，内酯豆腐几乎会保留豆浆中所有的水，所以草酸含量可能会比卤水豆腐和石膏豆腐高一些。

敲重点

豆制品对结石的影响主要是其中的草酸，而豆腐（尤其是卤水豆腐和石膏豆腐）中的草酸含量很低，结石患者也可以吃。工业化生产的豆制品，比如素肉、豆腐干等豆制品的草酸含量也非常低，完全不需要担心。其他简单加工的豆制品，比如豆粉、豆酱等，草酸含量可能比较高，不建议结石患者大量食用。

16 男性豆浆喝多了，乳房会变大？

最近在网上看到一条旧闻，一位40多岁的刘先生在2年间胸部发育成了堪比D罩杯的“巨乳”。到医院检查后，医生归结为刘先生喝豆浆、吃养殖水产过多，从而导致体内雌激素过多。

刘先生的症状是真实的，检测结果显示刘先生体内雌激素过多也是合理的，但是把“巨乳”归因于“喝豆浆、吃养殖水产过多”，就有点“拍脑袋”了。

豆浆中的“雌激素”具有双向调节作用

豆制品含有“雌激素”，通常指的是大豆异黄酮。大豆异黄酮的分子结构跟人体雌激素相似，可以与人体雌激素受体结合，因此被称为“植物雌激素”。其活性很低，只有真正雌激素的0.01%~1%。

雌激素要与雌激素受体结合才能发挥作用。正常情况下，人体内的雌激素及其与雌激素受体的比例处于一个适当水平。如果人体内的雌激素不足，就会有“空余”的雌激素受体，在这种情况下，大豆异黄酮与受体结合产生的微弱活性，多少也起到了补充雌激素的作用。但是，如果体内的雌激素很多，那么大豆异黄酮占据了受体而让真正的雌激素没有受体可以结合，但产生的活性又很弱，就相当于降低了体内的雌激素作用。

这就是大豆异黄酮对雌激素的双向调节作用。换句话说，喝豆浆，并不足以导致体内雌激素过多。

养殖水产中含有过多雌激素是谣言

“养殖水产长得肥大是因为加了避孕药”，也是广为流传的谣言，避孕药并不便宜，也没有实际证据显示其能够催肥水产品。养殖水产长得肥大，是因为饲料丰富，生长条件适宜。

“用避孕药防止鳝鱼排卵”的谣言，大概是受到养猪要进行阉割的启发。实际上，鳝鱼的生长存在着“同类抑制”的特性，也就是说鳝鱼密集到一定程度就不会排卵了，而人工养殖的种群密度大大超过了这个程度，完全不需要用药物让它们“避孕”。

男性的胸部为什么也会长大

雌激素并不只存在于女性体内，男性体内也有。正常情况下，男性体内的雌激素和睾酮处于平衡状态。如果这个平衡被打破，比如睾酮过少或者雌激素过多，男性就可能出现女性的第二性征。

这种性激素失衡的状况在中老年男性中很容易出现，尤其是在肥胖人群中，出现的概率更高。

美国梅奥医学中心总结了以下可能导致性激素失衡的4种因素。

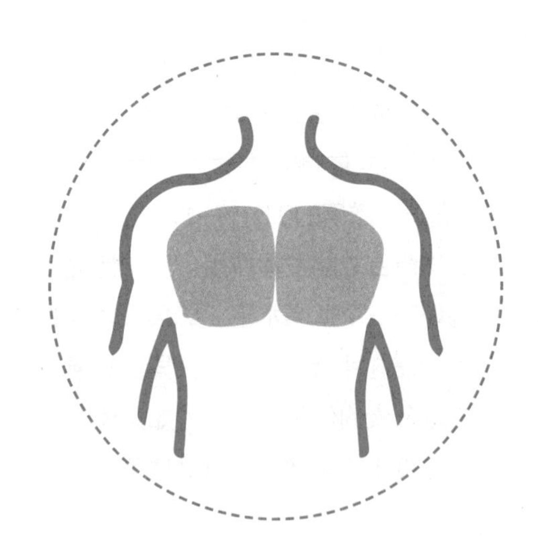

1 药物，比如治疗前列腺癌和前列腺肿大的抗雄激素药物、合成类固醇、抗抑郁药物、抗溃疡药、抗生素、胃动力药物、心脏病药物等

2 酒精、安非他命、美沙酮等

3 洗护用品中的某些植物油成分

4 性腺功能减退、正常衰老、某些肿瘤、甲亢、肾衰竭、肝硬化等身体变化

豆浆中的植物雌激素具有双向调节作用。喝豆浆并不足以导致体内“雌激素过多”，更不会诱发男性乳房长大。

17 10种补钙食物，你信几种？

钙是对人体健康至关重要的一种矿物质，也是一般人的食谱中容易缺乏的营养成分。网上流传着“十大补钙食物”，你听说过吗？

要通过食物来补钙，首先食物中要有足够的钙。这“十大补钙食物”，虽满足了这一要求，但这远远不够。

除了含钙量，我们还需要考虑：这种食物中的钙是否容易被吸收？除了钙，这种食物中的其他营养成分对健康的影响如何？这种食物是否经常食用？

让我们一起来看看这“十大补钙食物”是否真的适合用来补钙。

芝麻酱

芝麻或者芝麻酱的含钙量都非常高。按照每100克食物中的钙含量来排名，它在各种食物中的确名列前茅。

但是，芝麻中的钙大部分跟植酸和草酸等其他物质结合在一起，难以被人体吸收，就没有价值。此外，芝麻含有大量的脂肪。为了摄入一点钙，要摄入大量的脂肪和热量，并不符合均衡饮食原则。

虾皮

虾皮的含钙量也很高，为991毫克/100克。

但是，虾皮并非好的补钙食品，原因有以下3点。

1 吸收率低

2 食用量少：人们可以轻易喝下200毫升牛奶，但一次吃下20克虾皮很困难

3 含盐量高：吃20克虾皮，“理论上的钙含量”不过200毫克，而钠超过1000毫克，已经是每日钠最高摄入量的一半

牛奶

牛奶是公认的补钙佳品。虽然每100毫升的含钙量只有100～130毫克，但其中90%左右都是水，在相同热量下含钙量高。而且牛奶中的钙吸收率很高，其他成分也较为优质，且方便经常大量饮用。

奶酪

奶酪相当于浓缩的牛奶，补钙效率高。不过需要注意的是，奶酪在“浓缩牛奶”的过程中，其脂肪的浓缩效率更高。所以，奶酪补钙会伴随着大量脂肪的摄入。此外，很多奶酪制品中的含盐量也很高。

荠菜

荠菜是很好的补钙食品。荠菜、甘蓝、生菜、莴笋叶、圆白菜等绿叶蔬菜含钙量较高，吸收率也不错。按照相同重量来比较，这些绿叶蔬菜能够吸收的钙甚至不比牛奶少。

过去，中国人并没有喝牛奶的习惯，钙的主要来源就是这些绿叶蔬菜。不过，有一些绿叶蔬菜中的含钙量虽然高，但也含有较多的草酸或者植酸，从而使钙吸收率大幅降低，比如菠菜。

海参

海参的含钙量为285毫克/100克，确实不算低。不过，考虑到海参的价格，对于绝大多数人来说不算是常规食用的食物。

紫菜

干紫菜的含钙量是264毫克/100克，跟200克牛奶的含钙量相当。作为零食吃的紫菜一包通常在两三克，想要有效补钙，需要每天吃多少包?

木耳

干木耳含钙量为247毫克/100克，但泡发后的木耳含钙量只有34毫克/100克了，指望它补钙并不靠谱。

海带

海带的含钙量比较高，但其也富含膳食纤维，与膳食纤维结合的钙吸收率较低。

黑豆

黑豆含钙量为224毫克/100克。这个含钙量不低，但有两个因素需要考虑：一是豆类中有大量植酸，易与钙形成人体不能吸收的植酸钙；二是很多人会把豆类做成豆浆，而钙基本上留在了豆渣中。也就是说，豆浆中的钙其实很少。

如果把豆浆做成豆腐，豆腐是否能高效补钙取决于用的凝固剂种类。

也称为“北豆腐”或者“硬豆腐”：用卤水作为凝固剂，豆腐中的钙可达140毫克/100克，比牛奶还要高一点。

也称为“南豆腐”：用石膏作为凝固剂，含钙量超过110毫克/100克，跟牛奶相当。

也称为“绢豆腐”：葡萄糖酸内酯作为凝固剂，含钙量不足20毫克/100克，几乎没有补钙的价值。

牛奶、奶酪、卤水豆腐确实是补钙佳选；紫菜、虾皮、木耳、荠菜、海带等，可能更适合作为辅助补钙的食物。

18 骨头汤真的能补钙吗？

骨头汤常用来给老人、患者、孕妇、产妇“补充营养”，用来给孩子“补钙”。骨头汤真的有这些作用吗？

骨头汤里有什么

骨头汤是用骨头经过长时间小火慢炖出来的，浓白黏稠，味道鲜美。

“浓白”来自骨头中的脂肪。骨头中的脂肪被煮入汤中，在不停的翻滚中分散成小乳滴，就像牛奶一样呈白色。骨头煮的时间越长，煮出来的汤看起来就越白。

“黏稠”来自骨头中的胶原蛋白。胶原蛋白分子质量大，在高温下可溶解到水中，其在食品工业上被称为明胶，是一种很好的增稠剂。尤其是汤的温度下降，就变得更黏稠。如果胶原蛋白浓度足够高，降到室温时就会凝固，变成“皮冻”。

“味道鲜美”来自谷氨酸盐和核苷酸盐。它们存在于骨头中，生长期越长累积越多，炖煮的时间越长溶出得越多。谷氨酸盐是味精的化学成分，核苷酸盐跟谷氨酸盐有协同效应，能够增加谷氨酸盐的鲜味。

除了脂肪，骨头汤里的营养成分乏善可陈。

骨头煮汤，能煮出多少钙

骨头的主要成分是磷酸钙，所以许多人相信骨头汤可以补钙。但由于磷酸盐很难溶于水，有人提出可以通过加醋增加钙的溶出。

这种说法有没有道理呢？2017年《食品与营养研究》（*Food & Nutrition Research*）发表了一篇论文，研究者选了白猪和黑猪的肋骨与腿骨以及澳洲牛骨，检测炖煮不同时间所溶出的各种矿物质含量。

对于大家关心的钙，主要结论有以下几点。

- 用猪肋骨和猪腿骨熬出的骨头汤钙含量差别不大，黑猪和白猪的差别也不大。
- 加醋确实可以增加钙的溶出，不过溶出量有限。
- 煮的时间越长，煮出的钙越多，但煮到12小时，煮出来的钙也没有多少，比如不加醋，每千克猪骨也只能煮出30多毫克的钙，加醋之后也不过三四百毫克的钙。
- 猪骨和牛骨的差别不大，骨头汤的钙含量都很低。
- 骨头煮汤，能煮出相当多的铅。

无独有偶，英国学者在2013年的《医学假设》（*Medical Hypotheses*）上发表了一项研究成果，专门研究鸡汤中的铅含量。结果是：无骨鸡肉汤含铅2.3微克/升，鸡骨头汤含铅7.01微克/升，而鸡皮和软骨汤含铅9.5微克/升。作为对照组的自来水，其中的铅含量是0.89微克/升。

也就是说，骨头煮汤的确煮出了相当量的铅。铅是人体完全不需要的重金属元素，摄入量过多会有严重危害，所以摄入量越低越好。

除了脂肪，骨头汤里的营养成分乏善可陈。而骨头汤中的铅确实大大增加，但未超过饮用水的铅限量标准（10微克/升）。

19 牛奶不能和这些食物一起食用？

牛奶是一种很优质的食物。对于它有许多夸张的吹捧，也有许多莫名其妙的“禁忌”。比如关于“××不能和牛奶一起吃”，就有着许多传说。

果汁与酸性水果

所谓“果汁与牛奶不能一起喝”“喝牛奶前后1小时不宜吃酸性水果”的原因是“牛奶中的酪蛋白会与水果中的果酸反应，发生凝集、沉淀，导致人体难以消化、吸收，严重的会引起消化不良和腹泻”。

水果的酸性比较强，果汁与牛奶确实会导致凝集、沉淀。不过，胃液的酸性比很多水果还要强。也就是说，纯牛奶喝到胃里，也会发生凝集、沉淀。这是酪蛋白本身的固有特性，这种凝集和沉淀只是降低了消化速度，对于成年人并没有什么不好。实际上，降低消化速度意味着保持饱腹的时间更长，反而有利于减少食物需求，帮助减肥。

豆浆

所谓“牛奶和豆浆不能一起喝”，理由是“豆浆中含有的胰蛋白酶抑制剂，会刺激肠胃和抑制胰蛋白酶的活性。未经充分煮沸的豆浆易使人中毒，而牛奶若在持续高温中煮沸，则会破坏其中的蛋白质和维生素，降低牛奶的营养价值，二者同食是一种浪费”。

生豆浆中确实有一些胰蛋白酶抑制剂，能够抑制胰蛋白酶的活性，降低人体对蛋白质的消化效率。这种抑制并不只是针对牛奶蛋白，也包括豆浆中的大豆蛋白。

其实，这种“抑制”本身也是有限的，大多数蛋白质还是能被消化的。更重要的是，不管是把豆浆和牛奶一起煮，还是把豆浆煮熟了加入牛奶，胰蛋白酶抑制剂都失去了活性，完全不必担心。

巧克力

所谓“巧克力会影响牛奶中钙的吸收，二者一起吃会结合生成不溶性草酸钙，从而出现缺钙、腹泻、头发干枯以及增加尿路结石的发病率等情况”，这完全是牵强附会，耸人听闻。

实际上，巧克力中的草酸含量很低，即使与牛奶结合生成一点点草酸钙，也不会被吸收进入血液，所以并不会危害健康。而且大家通常也不会吃太多巧克力，那一点点草酸钙完全不足为虑。

药物也不能与牛奶同服吗

网传“牛奶会影响人体对药物的吸收，因此在服药前1小时不要喝牛奶”。

药物的吸收释放速度确实是服药时需要考虑的。有的药物需要空腹服用，有的药物需要饭前服用，有的药物需要饭后服用——牛奶是食物的一种，服药时，我们应该按照药品说明书或者药剂师的指导来服用。将牛奶当作服药说明中“饭”的一部分就可以了。

那些“不能喝牛奶的体质”

社会上还流传着“牛奶是凉性的，寒性体质的人不能喝”的说法。

牛奶只是一种食物而已，“不能喝牛奶”的人群有两种。

对牛奶蛋白过敏。这类人群不仅不能喝牛奶，所有奶制品都不能吃。

2

乳糖不耐受者。乳糖不耐受的症状跟牛奶过敏很相似，不过它的原因是人体不能产生乳糖酶，从而使乳糖不能被消化，被肠道菌分解而产生气体，导致腹泻、腹痛。乳糖不耐受的人通过慢慢适应也可以喝少量牛奶，或者喝酸奶，以及乳糖被提前分解了的舒化奶。

除了以上这两种情况，其他“不能喝牛奶”的说法都是吓唬人。

果汁、酸性水果、豆浆、巧克力、都可以放心和牛奶一起食用，真正需要警惕的人群是牛奶蛋白过敏者和乳糖不耐受者。

20 牛奶加热会损失营养吗?

有人说“牛奶不能煮沸”，给出的理由是：牛奶持续加热至60～65℃，就开始发生蛋白质变性，蛋白质微粒会脱水成凝胶状，磷酸物也会产生沉淀；若持续加热到沸腾，不但会烧焦，也会影响牛奶的品质，色、香、味减弱，营养价值也大大降低。高温下牛奶的氨基酸与糖会形成“糖基化氨基酸”，这种物质不但不会被人体消化吸收，反而会影响人体健康。

“蛋白质发生变性”并不会“大大降低”营养价值

我们摄入蛋白质，并不是为了蛋白质本身，而是为了获得组成蛋白质的氨基酸。从蛋白质到氨基酸，蛋白质不仅要变性，还要被消化酶切成一个个小肽和氨基酸。通常所说的“变性”，是蛋白质失去了自然状态下的空间结构，便于与消化酶充分接触，有利于消化。

“蛋白质烧焦”，是蛋白质中的氨基酸与乳糖发生美拉德反应

糖基化氨基酸是美拉德反应的产物之一，经过美拉德反应，它不再是氨基酸。从理论上说，这个反应确实“降低了”营养价值。但是美拉德反应高效发生的适宜条件是“高温”“低含水量”。如果发生了美拉德反应，只要有很少的产物也会导致颜色变深、出现不同的风味。

市场上的常温奶在生产过程中被加热到135℃以上，但美拉德反应的程度很低。在大家的日常经验中，通过把牛奶加热到沸腾，也不会见到颜色变深、出现焦煳味的状况。这意味着美拉德反应发生的程度微乎其微。

简而言之，所谓“牛奶煮沸生成有害物质”，纯属杞人忧天。

牛奶加热有两个目的：一是杀菌，二是达到“适口温度”

正规渠道供应的牛奶有两种：巴氏奶和常温奶。

巴氏奶

巴氏奶就是“鲜奶”，一般是把生牛奶加热到72℃，杀掉大部分细菌，在冷藏条件下能够短期保存。在保质期内，巴氏奶中的细菌不会增加到有害健康的程度。

常温奶

常温奶，也就是“高温杀菌奶”“UHT奶”，是把牛奶加热到135℃，几乎杀掉所有细菌。

只要不开封，在常温下也能长期保存。不管是巴氏奶还是常温奶，都已经经过了杀菌处理，在保质期内不会“细菌超标”，也用不着消费者再“加热杀菌”。

至于“适口温度”，也就是“喝起来舒服的温度”，不同人有不同的偏好。在欧美，很多消费者觉得从冰箱里拿出来时的温度最好喝，而中国多数消费者则喜欢30~50℃的热牛奶。这只是饮用习惯的问题，与牛奶的安全和营养都没有关系。对于中国消费者来说，加热到自己喜欢的温度就可以了，完全没有必要加热到高温再等它凉下来。

在一些地区，会看到奶农售卖的“现挤奶”。在奶制品行业内，这样的奶被称为“生奶”。因为安全风险比较高，国内外都不允许这种奶进行售卖。许多消费者认为拿回家煮开了就没问题，但实际上煮开只能杀死细菌，如果在挤奶到煮的这段时间内已经有金黄色葡萄球菌等致病菌增殖，就可能产生大量毒素，后续的加热煮沸也毫无用处。在商业化的牛奶生产中，奶牛的健康状况是被监控追溯的，挤奶操作更加规范卫生，生奶从挤出到灭菌的全过程是在洁净的容器中并且保持低温，所以安全性能够得到更好的保障。

简而言之，通过正规渠道购买的牛奶，不管是巴氏奶还是常温奶，都没有必要加热到高温，不过如果消费者想要加热煮沸，也并不会产生有害物质，以及损失多少营养；而现挤现卖的生奶，拿回家煮开只能够杀灭存在的细菌，但依然存在安全风险。

所谓"牛奶煮沸生成有害物质"，纯属杞人忧天。牛奶加热煮沸，并不会有害，也不会损失多少营养。

21 复原奶是劣质产品吗?

有报道指出"复原奶营养流失严重",因其经过了超高温处理,而"温度到90℃,蛋白质开始变性。时间越长,氧化程度就越高,营养流失也越大"。复原奶到底是什么?它是劣质产品吗?

巴氏奶、常温奶和复原奶是市场上液态奶的三种形式

1. 巴氏奶:经过72℃十几秒的加热,对奶的影响比较小,能很好地保持风味。
2. 常温奶:一般在135℃以上加热几秒,对奶的风味和颜色有比较明显影响。
3. 复原奶:指把牛奶先做成奶粉,再加水冲兑而得。因为在干燥前要经过一次高温灭菌,冲兑之后还要再进行一次超高温灭菌,所以加热程度最深。

对复原奶常见的指责是"高温破坏了营养"。实际上,这种破坏并不大。牛奶只是多样化食谱中的一种,它的优势在于提供优质蛋白和钙,而这两种成分,几乎不受高温的影响。人们所吃的任何一种熟食,其中的蛋白质都经过了充分的加热变性,比如鸡蛋、肉和豆制品,不变性几乎无法吃。食谱中的蛋白质是为了满足人体对氨基酸的需求,加热变性不仅不损失营养,还有助于消化,而钙是矿物质,怎么加热都不会变化。虽然在经过超高温加热后,它的溶解状态可能会有所变化,但并没有证据显示这一变化会明显影响吸收。

加热会损失一些维生素，但损失程度比多数人想象得要小得多。在美国农业部的营养成分数据库中，可以找到奶粉和鲜奶中各种营养成分的含量。在牛奶中，相对于人体需求量而言，含量比较丰富的维生素是维生素B_2和维生素B_{12}。如果把奶粉按比例复原成液态奶，比较它与鲜奶的维生素含量，二者的损失都只有15%左右。最容易损失的维生素B_1也不到30%，但牛奶并非维生素B_1等维生素的良好来源，含量本来就少，损失了也没什么可惜的。

巴氏奶、常温奶和复原奶，在营养方面的差异很小

虽然巴氏奶、常温奶和复原奶在营养方面的差异很小，但加热大大改变了它们的外观和风味，所以在产品营销中必须明确区分。被媒体渲染成“劣质产品”的复原奶，国家标准是允许其生产销售的，只需要明确标明“复原乳”或者“含有××%复原乳”就可以。

巴氏奶外观、风味、口感都很好，营养方面也有一点优势。但考虑食品，不能仅仅考虑“好处”，还需要考虑成本、安全和方便等。比如巴氏奶，在从奶场到餐桌的整个流程中都需要冷藏。这在不产奶地区，尤其是人口居住比较分散的农村地区，实现起来难度很大。一旦哪个环节不能保障冷链，就无法保障安全性。如果这些地区非要追求巴氏奶，价格可想而知。在这点上，常温奶和复原奶具有明显优势。

目前市场上可能有许多复原奶没有标注，冒充常温奶甚至巴氏奶来销售。这本身是严重违法的行为，应该严肃追究、严格处理。但是，复原奶不是劣质产品，更不是“洪水猛兽”。只要它规范生产，规范标注，就应该受到保护。

复原奶并非“劣质产品”，它是把牛奶先做成奶粉，再加水冲兑而得的奶制品，其营养价值与巴氏奶、常温奶相当。

22 酸奶、乳饮料，你能分清吗？

超市的饮品柜中陈列了各种各样的酸奶产品，然而走近观察，却发现其中不乏一些被标注为乳饮料的产品。酸奶和乳饮料究竟有何区别？该如何分辨呢？

酸奶

酸奶可以当作纯牛奶进行发酵的产物，最主要的变化是一部分乳糖变成了乳酸，活细菌数大量增加。乳糖变成乳酸，有利于降低乳糖不耐受，对于乳糖不耐受人群很有价值。这些活细菌被认为对肠道健康有一定好处。

所以，一般的营养科普中说“酸奶比牛奶对健康更有利”。需要强调的是，这是针对纯牛奶发酵得到的纯酸奶而言的，而市场上的酸奶，很少有这样的纯酸奶。因为纯酸奶很酸，多数消费者都很难接受它的“本味”。所以市场上的酸奶，一般都要加入大量糖来调味，加入增稠剂来改善口感。如果大家注意营养标签，会发现很多酸奶的“碳水化合物”含量超过10%，有的甚至达到13%。酸奶中的碳水化合物基本上就是糖，大约5%是来自牛奶的乳糖，多出的部分基本上就是添加糖。考虑到糖对健康的危害，这样的酸奶并不能符合教科书或者营养专家对酸奶的评价。

乳饮料

乳饮料的重点在于“饮料”而不在于“乳”。比如优酸乳之类的调制乳饮料，虽然含有一些“乳”，但本质上是饮料，即“有风味的水”。调制乳饮料又分为三类：配制型、发酵型和乳酸菌饮料。从这些饮料的蛋白质含量，我们可以大致估算其中含有多少奶。比如配制型和发酵型的乳饮料，要求蛋白质含量不低于1%，而牛奶的蛋白质含量一般在3%以上，也就是说这样的乳饮料大约含有30%的牛奶。“乳酸菌饮料”的蛋白质含量只要求0.7%，这样的饮料，营养价值跟含糖碳酸饮料相比还能有一定优势，但跟牛奶相比就大大不如了。

对于市售酸奶，我们更应该关注其“含糖量”；而乳饮料，是饮料而不是奶制品。

23 每天“必喝”四次水，你照做了吗？

中老年人注重健康，尤其喜欢简单易行的“养生之道”。于是，各路“养生专家”投其所好，想出了种种“不花钱”的养生指南。比如某视频中宣扬的“中老年人每天必须喝四次水”。

在节目中，“养生专家”所说的四次水分别是：早上起来、中午睡醒、睡前和起夜之后。

这些说法有理吗？我们到底该如何喝水？下面为大家一一解释。

睡前喝水

视频中的“专家”说：睡前喝80～100毫升水，“保护肠胃”“保护血管”“有助于睡眠”。

但是，“专家”并没有解释为什么喝这两口水有这么大作用。其观点是“必须喝”，也就意味着如果不喝，就会“伤害肠胃”“伤害血管”“影响睡眠”。但大家不妨想一想：那些睡前不喝水的人，是不是因此肠胃、血管、睡眠都受到了不良影响？

起夜喝水

对于起夜之后“必须喝上两口水”，“专家”的结论更是吓人——“救命的药”“保护心脏和血管的药”，并对此做出解释：睡觉之后血液循环变慢，容易形成阻塞和栓子，喝两三口水就能起到“润滑”和“稀释血液”的作用。

睡眠时心脏跳动变缓，血液循环变慢，这是人体的一种自我调节。且不说人体对于血液中的水会自动调节，缺水了会感到渴，多了会排出，即便是专家说的“50～100毫升水”完全进入血液，对于血液也没有多大影响。首先，水会跟血液完全混合，无所谓“润滑作用”；其次，人体内的血液总量大约有4500毫升，50～100毫升的水只是增加了2%左右的体积，产生的“稀释作用”微乎其微，靠它来避免血管栓塞，只能是臆想。

生活中，我们应该如何喝水

水对于健康很重要，根据《中国居民膳食指南》推荐，成年人每天需要摄入近3000毫升水，其中饮食可以提供一小半，直接喝的水一般在1500～1700毫升。

至于什么时候喝水，并不存在哪个时间点“必须喝水”的说法。比较广为接受的两种说法是：

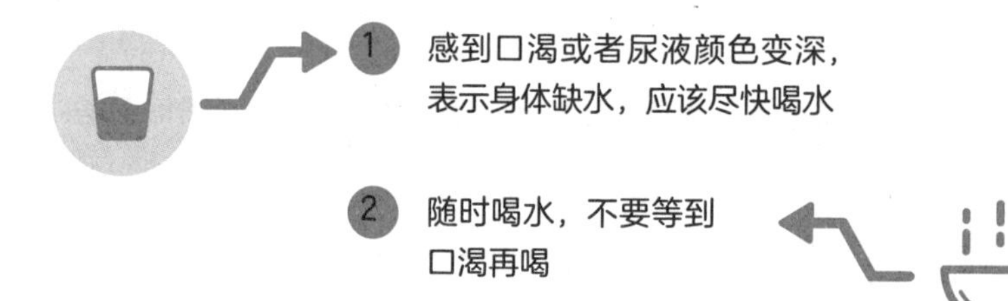

其实，人体不是一台脆弱的仪器，并不需要精确地按时定量供给所需要的水和食物。只要不长时间处于脱水状态，早点喝晚点喝、多喝点少喝点，都可以。

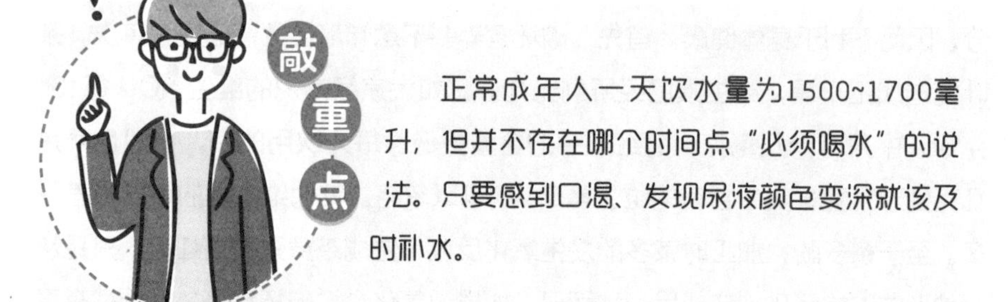

24 保温杯泡茶有害健康？

茶是中国的传统饮料。对于许多人来说，喝热茶甚至是一种养生方式。但是，奔波在外的人想喝口热茶可不是一件容易的事情。

保温杯，为人们提供了一个解决方案——出门前，在保温杯里放入茶叶，装满热水，就随时可以喝上热茶了。

然而，又有许多人说“保温杯泡茶有害健康”。到底是真是假？

保温杯泡茶有害的理由很牵强

提到“保温杯泡茶有害健康”，人们提出了种种理由。下面来解析常见的两种。

理由一：“高温破坏营养”

保温杯长时间保持高温，有人说破坏了茶中的茶多酚、维生素等营养成分，因而不利于身体健康。首先，破坏营养并不意味着会危害健康；其次，茶叶经过加工干燥，维生素已经所剩无几。比如大家经常说的维生素C，每100克绿茶中只有十几毫克，而红茶中的含量更低。每天饮用的茶，一般也就是几克到十几克，其中含有的维生素C少到可以忽略。其他维生素的情况也差不多。至于茶多酚，加工时茶多酚发生氧化反应，生成茶黄素和茶红素，只是从一种形式的抗氧化剂变成另一种而已。如果说氧化会“破坏营养”甚至“有害健康”，那么在加工过程中就已经彻底氧化的红茶和黑茶岂不是一无是处？

其实，茶只是一种“有风味的水”，所谓的“营养成分”微乎其微，根本不值得纠结。能对身体产生影响的成分，基本上只有咖啡因和茶多酚。在保温杯中长时间存放，对它们并没有明显的影响。

理由二：“茶垢腐蚀保温杯，释放重金属”

茶垢是茶中可溶物在杯壁上的沉积，并没有什么具有“腐蚀性”的成分。保温杯的内壁多是不锈钢等惰性材料，食品级的不锈钢在强酸中浸泡几小时，溶出的金属也少之又少，几乎可以忽略。

保温杯泡茶，影响的主要是茶的风味

保温杯泡茶影响的主要是茶的风味。茶水的风味取决于茶叶的种类、茶叶投放量、泡茶的水温与时间、水的品质等。用保温杯泡茶，相当于更长时间地保持了高温，这使茶中的咖啡因和茶多酚充分地浸出，茶水的苦涩味比较突出。

但这并非不能解决。选择合适的茶叶，比如白茶和普洱熟茶，就不像绿茶和普洱生茶那么容易出现苦涩味。此外，调整茶叶的用量，降低茶叶和水的比例，也能够控制茶水的苦涩感而获得较好的风味。

简而言之，用保温杯泡茶，如果对茶的风味要求高，可以对茶叶种类、茶叶量、泡茶温度进行适当调整。

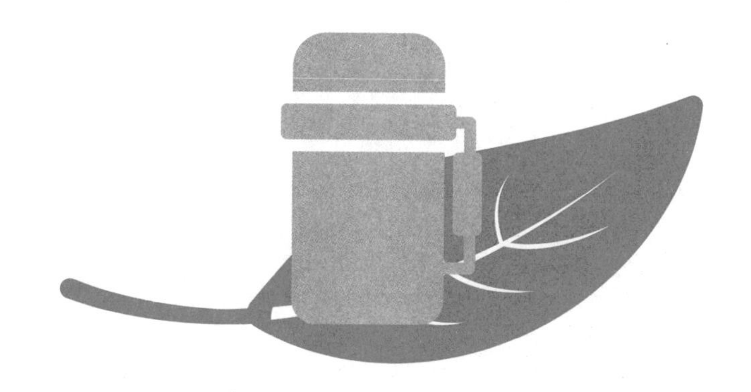

1．泡好茶水再装进保温杯

通常在茶叶中加入开水，短则几十秒，多则几分钟，茶水就达到了“泡好”的状态，再延长泡茶的时间反而风味不佳。这时候，把茶水倒出来装进保温杯，也就相当于把茶水留在了“好喝”的状态。虽然此后茶水中的茶多酚会发生氧化而影响风味口感，但相比于茶叶一直在保温杯浸泡的情况，风味要好得多。

2. 温水甚至冷水泡

泡茶其实是把茶中的可溶性成分浸取到水中的过程。在高温下，浸取的速度很快，浸取也能更充分。但是这并不意味着必须用高温的水泡茶。用温水、凉水甚至冰水，都可以把茶叶中的那些可溶性物质浸取出来，只是温度越低，需要的时间越长。

茶中能对身体产生影响的成分主要是咖啡因和茶多酚，而保温杯对它们并没有明显的影响。保温杯泡茶，影响的主要是茶的风味。

25 喝浓茶会导致贫血？

有一则新闻：一位65岁的老人平时非常注重保养，饮食清淡、作息规律，身体也很健康。有一天，老人突然晕倒，送到医院检查发现，是严重的缺铁性贫血。后来询问发现，老人酷爱喝浓茶（每天茶叶量在50克左右）。

其实，铁摄入不足在人群中普遍存在，但因没有表现出明显症状而容易被忽视。茶和咖啡中确实有一些成分会影响铁的吸收。如果长期大量喝茶或咖啡，对铁吸收的影响可能比较大。

那么，喝茶喝多少容易导致贫血？为了避免缺铁，日常饮食中又应该注意什么呢？

喝多少茶算多

茶是一种很健康的饮料，其中的茶多酚、茶氨酸、茶皂苷等，都对健康有一定的积极作用。但茶中的草酸、多酚、咖啡因等成分，也可能会影响铁的吸收。

所以，不管是茶还是咖啡，都建议“适量饮用”。

那么，多少算“适量”呢？

一般是以咖啡因的摄入量为指标，建议“每天摄入不超过400毫克的咖啡因”。茶叶的咖啡因含量一般在20～40毫克/克，由于咖啡因在开水中的溶出率非常高，估算时可以假设溶出率为100%。这样来估算，新闻中这位老人每天喝50克茶叶，咖啡因摄入量在1000～2000毫克，属于摄入超量，而且这还是他的日常习惯，属于典型的“长期大量摄入”。

每袋茶包的茶叶是2～4克。假如每天喝5袋，总的茶叶量在10～20克，不算大量摄入，而一般人每天也喝不了5个茶包，就更不用担心摄入过量了。

如何避免缺铁

铁是人体必需的微量元素，铁缺乏会造成贫血、嗜睡、易疲劳等一系列症状。人体不能产生铁，所以需要每天从饮食中获取。

人体每天需要摄入多少铁由两个因素决定：“每天流失多少铁”和“从饮食中吸收铁的效率”。

人体每天流失0.9～1.0毫克的铁，相当于14微克/千克体重。需要注意的是，“每天流失0.9～1.0毫克”对应的是“需要摄入的铁”，而不是“食物中的含铁量”。因为食物中的铁只能被人体吸收一部分，所以“含铁量”和“吸收率”是同等重要的考虑因素。

食物中的铁可以分为血红素铁和非血红素铁两类。人体对血红素铁的吸收率较高，可达15%～35%，而非血红素铁的吸收率因受多种因素的影响，相差较大。个人的体质、饮食中促进或抑制铁吸收的成分是影响铁吸收率的主要因素。

促进铁吸收的因素是维生素C（以及抗坏血酸的衍生物）以及肉类。在一项研究中，牛肉、鸡肉和鱼肉使玉米中的非血红素铁吸收率增加2～3倍。

抑制铁吸收的主要因素是植酸和多酚。此外，钙以及某些蛋白质也有一定抑制作用。

人每天要吃各种食物，所以铁的吸收率是各种因素的总和。不同的饮食结构中，铁的吸收率相差很大。

- **世界卫生组织和联合国粮食及农业组织研究指出：饮食中富含肉类和维生素C的人，铁的吸收率可达15%；而饮食以谷物、薯类为主，摄入肉类和维生素C有限的人群，铁的吸收率只有5%。**

很多老年人把“饮食清淡”“多素少肉”作为养生之道，但这种饮食容易导致营养不良，特别是缺铁性贫血。

日常饮食中不仅要注意食物中的含铁量，还应该注意铁的类别以及饮食结构中影响铁摄入的因素——既要有足够的“含铁量”，又要有较高的“吸收率”，才能保证铁的摄入，避免缺铁。

正常人每天喝茶量含有的草酸、多酚、咖啡因等还不致影响铁的吸收，不会导致贫血。

26 醉酒后最想知道：浓茶能不能解酒？

“浓茶解酒”是一个流传甚广的说法。近年来许多专家又说浓茶不仅不能解酒，反而伤身。茶与酒，到底是怎样的一对“冤家”？

酒精代谢流水线

酒精进入人体之后会被转化为乙醛，然后转化为乙酸，最后分解为二氧化碳、水。如果喝下的酒精不多，这个处理流程运行良好，人体就不会有太大反应。反之，短时间内摄入大量酒精，超过了人体的处理能力，就会有一些中间产物累积下来。多数人是乙醛转化为乙酸的那一步“窝工”了，导致体内乙醛含量升高。人体对乙醛比酒精还要敏感，于是就会出现面红耳赤、头晕目眩，手脚也不听自己使唤了。

要“解酒”，就需要加强这条流水线的运行。茶水中有不下几十种物质，最重要的是咖啡因、茶多酚等抗氧化剂。然而这些成分对这条酒精代谢流水线的运行无能为力。实际上，不仅是茶水不行，迄今为止科学家们也没有发现吃什么东西能够促进这条流水线的运行。

喝茶对喝酒的影响

我们知道，酒精会让人晕眩、虚弱、运动能力失调，而咖啡因却可以使人兴奋和清醒。茶中含有大量的咖啡因，是不是可以“对抗”醉酒反应呢？这方面的研究还不少，结论基本可以总结为：喝下同样的酒之后，同时喝运动饮料的人在头痛、虚弱、口干以及运动能力失调这些醉酒征兆方面都要明显低于单纯喝酒的人。运动饮料中含有咖啡因，运动饮料的这种“对抗作用”被归结于咖啡因的功劳。

研究中还检测了受试者的运动灵敏性，结果是：虽然咖啡因能使喝了酒的人感觉“好一些”，却没有帮助其恢复运动灵敏性。

酒后的反应跟喝酒的量和人的体质有关，茶（或者咖啡因）的作用也跟茶量和人的体质有关。不同的试验就有可能得到不一致的结果。《药物和酒精依赖》上发表的一项研究认为，喝酒之后摄入咖啡因，刹车反应时间比不摄入咖啡因的要短，但是即使到400毫克咖啡因（相当于3～4杯咖啡），也还是比不喝酒时的刹车时间要长得多。所以，为了安全，不要指望喝茶或者咖啡能够帮助解酒，“喝酒不开车”才是最明智的选择。

咖啡因在体内的代谢会受到酒精的影响，酒精会导致咖啡因在体内蓄积得更多。如果喝完酒希望尽快睡着，喝茶就帮倒忙了。

茶中不仅有咖啡因，更有大量的抗氧化剂。这些成分对喝酒又有什么样的影响呢?

当酒精代谢不畅，体内乙醛含量增加，在其他酶的作用下产生大量超氧阴离子。超氧阴离子会引发一连串氧化反应，最终损害细胞膜、蛋白质和DNA，而抗氧化剂的作用是制止这种过氧化反应的进行，因而起到保护细胞的作用。

也就是说，对于长期喝酒的人，日常喝茶有助于减小酒精对健康的危害。但是这种对健康的危害与保护都不是立竿见影，而是长期作用的结果。换言之，茶中的抗氧化剂，对于“解酒”也没有什么帮助。

对于长期喝酒的人，喝茶可能有助于减小酒精对健康的危害。但不要指望喝茶或者咖啡能够帮助解酒，“喝酒不开车”才是明智选择。

27 喝酒御寒有没有道理？

许多饮酒爱好者都知道喝酒对健康的危害，但也有一些喝酒的“好处”被不少人推崇，比如“喝酒御寒”就广为流传。在许多偏远寒冷的山区，人们还保持着饮用白酒来驱寒的习惯。

喝酒御寒，其实是一种要命的错觉

人是恒温动物，生命活动的进行需要保持37℃左右的体温。血液循环为细胞带来氧气与营养物质，细胞代谢产生热量。在寒冷环境中，人体会自动收缩体表毛细血管，保证血液充分供应心脏等核心器官，从而保证生命能够维持。

换句话说，停止体表产热，让人觉得“冷”，是人体面对寒冷的一种自动保护。

喝酒之后，毛细血管扩张，会有更多的血液流到体表。血液本身是热的，也就让人觉得“暖和”，但也会散热更快。这给大脑以错误信号，误以为人体需要“散热”而不是“减少热量散失”，于是加快体表血液流动，甚至通过出汗来散热。这个过程，跟人体面对寒冷的自我保护背道而驰。

喝酒“暖身”的代价是散失更多的热量，并没有真正“御寒”，反而会消耗更多热量。

28 苏打水，到底有益健康还是有害健康？

网上对苏打水的介绍是："苏打水是碳酸氢钠的水溶液，为弱碱性，可改善酸性体质""天然苏打水除含有碳酸氢钠外，还含有多种微量元素成分，因此是上好的饮品"……

苏打水，真的是"上好的饮品"吗？

"苏打水"，一个名字几种内涵

"苏打水"这个名词来自英文"soda water"。在英文中，也被称为"碳酸水（carbonated water）""气泡水（sparkling water）"。

苏打水可以简单理解为"倒在杯子中能看到气泡的水"。之所以能够起泡，是因为水中的二氧化碳超过了自然压力下的饱和浓度，所以会聚集成气泡逸出。有一些天然矿泉水满足这样的要求，被称为"含气天然矿泉水"，也有一些通过在加压的情况下人为地充入二氧化碳而得，叫作"充气天然矿泉水"。二氧化碳在水中形成碳酸，可以分解成氢离子，所以这样的苏打水有可能是弱酸性的。从这个意义上说，苏打水并不一定含有碳酸氢钠，更不一定是弱碱性的。

苏打水对健康有什么样的影响

苏打水其实是碳酸饮料与"纯水"之间的一种折中。

从根本上来说，碳酸饮料也是一种苏打水，但其中加了糖（或者甜味剂）、磷酸和柠檬酸等添加剂。所以日常生活中所说的苏打水并不包含碳酸饮料。

苏打水对健康主要有以下几个方面的影响。

1. 骨质疏松

有些人担心碳酸饮料酸性较强，容易降低骨密度。而苏打水只有那种几乎不含碳酸氢钠的“气泡水”有可能是酸性的，而且酸性也很弱，不至于影响骨密度。

2. 痛风

关于痛风，有一种民间广为流传的疗法是服用苏打片。由于苏打水里含有苏打，喝苏打水也就被认为有利于缓解痛风，但这种疗法并没有得到科学实验的证实。

3. 控制体重

喝苏打水有助于减肥的说法，是因为饭前喝苏打水，会增加饱腹感，可以减少进食量。从理论上来说，饭前喝什么水都能起到这样的作用，但这会导致饿得更快。至于苏打水里的气是否能产生更强的饱腹感，就看每个人的具体感觉了。

4. 增加钠摄入

苏打水中含有多少钠，要看具体的配方或者水源。苏打水确实会增加钠的摄入。比如市场主流的维生素C泡腾片，每片的钠含量接近500毫克，每天喝2杯，钠含量就接近每天推荐摄入量的一半了。

所谓的“养胃”作用

“由于苏打水是碱性的，对胃酸过多的人有缓解作用”，这种作用被演绎成“养胃”，其实是偷换概念。对于胃酸正常的人，这种作用就毫无意义。

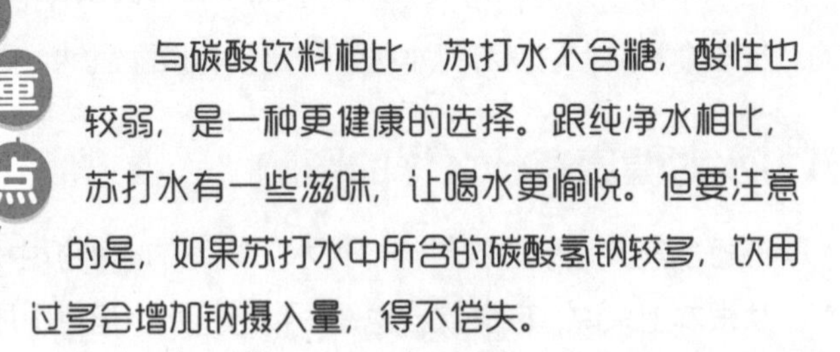

29 蜂蜜水、柠檬水、菊花茶能排毒养颜吗？

喝水对健康很重要，网传各种喝水养生、喝水排毒的说法。

本小节列出了3种“排毒养颜”的水，它们真的有这功效吗？让我们一一来分析。

蜂蜜水是营养价值极高的饮品吗

有文章说“蜂蜜含有与人体血清浓度相似的各种矿物质，以及多种维生素和有机酸等，营养价值极高”。

且不说蜂蜜“含有与人体血清浓度相似的各种矿物质”只是信口胡说，即便是真的，那也是它们在蜂蜜这种高糖溶液里的浓度，与血清浓度没啥关系。蜂蜜中的矿物质、维生素和有机酸少得可怜，需要的话吃几口蔬菜的量都比它多。

简而言之，喝蜂蜜水获得的营养成分少到可以忽略，摄入过多反而对健康不利。关于蜂蜜水有助于通便排毒，主要是其中的果糖作用，但个体对果糖的敏感度是不一样的，有的人一杯蜂蜜水下去，确实排便顺畅了，但对有的人作用有限。

柠檬水是健康的饮料选择，但不要指望有其他神奇功效

网传“柠檬含有丰富的维生素C，具有抗菌、提高免疫力、协助骨胶原生成等多种功效，经常喝柠檬水，可以补充维生素C，排毒美白”。

人体内的许多生化过程都需要维生素C的参与。但是，这并不是说维生素C摄入得越多越好，期待其产生正常生理作用之外的保健功效。所谓的“抗菌、美白、润肤等多种功效”，只是一厢情愿。

柠檬水不含糖、几乎无热量，把它当作风味饮料来补水，还是很健康的选择。但市售柠檬水为了增加口感，往往会加入不少糖、蜂蜜等调味，过量饮用反而不利于健康。

菊花茶含有黄酮类物质和绿原酸，但也只是聊胜于无

网传“菊花含有多种氨基酸、维生素和矿物质，冲泡后，大部分营养物质都会溶入水中”。

考虑到菊花茶中所用的菊花量，即便是其中所有的氨基酸、维生素等营养物质全都溶入水中，其总量与人体的需求量相比也微不足道。菊花茶的特色成分是黄酮类物质和绿原酸。黄酮类物质具有抗氧化性而被认为有益健康，而绿原酸更是因为具有抗菌活性而被追捧。

跟柠檬水一样，不加糖的菊花茶可以当作风味饮料来提高喝水的乐趣。至于黄酮类物质和绿原酸的“功效”，也就聊胜于无。

多喝水有益健康，但没有哪种水能够“排毒养颜”；合理饮食、适当锻炼，让身体处于良好的状态，才是“美白”“养颜”的基础。

30 咖啡是护血管的健康饮品，还是失眠长胖的祸首？

随着咖啡逐渐融入人们的生活，关于咖啡是否有益于身体健康的话题持续受到关注。今天这位科学家说咖啡能抗癌，明天那位科学家说咖啡会伤胃，老百姓真不知道该听谁的。那喝咖啡到底是好是坏？

咖啡的各种神奇功效主要来自咖啡因

咖啡是咖啡豆的提取物，其中的成分不下几百种。其中，咖啡因无疑是最重要的。咖啡因能刺激神经兴奋，起到提神的作用。尤其是咖啡因加葡萄糖，能互相促进使提神效果更好。所以很多运动饮料中也会添加咖啡因作为兴奋剂。

除了提神，咖啡因的其他保健功能也吸引着科学家的目光。比如有些老人饭后会因为低血压而出现晕眩，如果喝一杯含有咖啡因的饮料，就可能减轻这种症状。所谓“含咖啡因的饮料”，除了咖啡之外，也包括茶或可可。

帕金森病是一种常见的老年病，有调查显示咖啡因有助于降低帕金森病的发病风险。男性每天喝3～4杯会达到最大效果，每天1杯也有明显作用；女性则跟饮用量关系不大，每天1～3杯就能达到最大效果。不过有趣的是，这种效果对于吸烟的人并不存在。

此外，咖啡因对降低胆结石的发病率也有一定帮助，每天摄入400毫克咖啡因（3～4杯咖啡）可以显示出效果。

咖啡中除了咖啡因，还含有许多其他活性成分，比如抗氧化剂。尤其是经过烘炒的咖啡豆，抗氧化剂的含量会增高，而抗氧化剂有助于保持心血管健康。

咖啡的“不良表现”

咖啡中也含有“有害物质”，比如双萜烯类化合物，会增加心血管疾病的风险。但双萜烯类化合物可以被咖啡纸滤掉，所以不推荐未经过滤的咖啡或者用金属网过滤。除此之外，咖啡烘烤的过程会产生丙烯酰胺，而大剂量的丙烯酰胺在动物实验中显示了致癌性。

咖啡的“不良表现”远不止这些。如果每天喝太多咖啡（比如6杯以上），可能导致咖啡因上瘾，对咖啡因的敏感性下降，进而喝得更多，导致失眠、紧张、胃部不适、恶心、呕吐、心率与呼吸加快、头痛、耳鸣等症状。对心脏病患者，每天5杯咖啡已经达到了“不安全”的量。而且咖啡易增加钙流失，如果有骨质疏松症状，每天的咖啡因摄入量就不要超过300毫克（相当于2杯咖啡）。老年女性很容易出现骨质疏松，也需要更加注意。

药物代谢与咖啡因代谢互相影响

很多药物代谢会跟咖啡因代谢互相影响。比如含有麻黄碱的感冒药，它具有刺激神经兴奋的作用。如果加上咖啡，其效果就会大大加强，从而出现“过量服药”的症状。除了这种增加药物效果的影响，还有的是增加咖啡因的作用（包括不良反应），有的则是降低药物的效果。能够与咖啡因互相影响的药物太多，普通人大概无法记住，所以，最简单的做法就是：服药期间，不喝咖啡。

不管是咖啡有益健康，还是有害健康的论点，其多是源自流行病学调查，结论也谈不上盖棺论定。目前广为接受的推荐是：健康成年人，每天喝2～3杯咖啡，“益处”超过“风险”。

31 甜食不仅能毁了你的身材，还能毁了你的脸？

“甜食不仅能毁了你的身材，还能毁了你的脸”，是真的吗？

糖所带来的甜蜜是人类写进基因的口味偏好。吃糖后产生的多巴胺会让我们感到愉悦。然而，吃糖太多会增加肥胖、龋齿、痛风、糖尿病等各种疾病的风险，使得它们成为“健康公敌”。所以，“减糖”成为健康饮食的“三减”之一。

除此之外，甜食真的会“毁了你的脸”吗？

糖基化反应

我们的皮肤状况深受真皮中胶原蛋白的影响。胶原蛋白形成纤维状的结构，在受到外部损伤时有一定的恢复能力。胶原蛋白上有一些游离的氨基酸，能够跟糖形成交联结构。当我们吃下很多糖，就会导致血糖浓度很高。糖的浓度越高，就越容易与蛋白质中的氨基酸发生糖基化反应而形成交联结构。

这种交联结构使得胶原蛋白受损时难以恢复原状。而且，这些糖基化反应的产物会分解，形成糖基化终产物（简称AGEs）。

更麻烦的是，糖基化终产物还会进一步促进蛋白质的交联，增加细胞内的氧化应力，从而加速皮肤的衰老。

来自食物的糖基化终产物

糖基化终产物并不是只能在体内形成。实际上，在烘烤和煎炸食物中产生迷人风味的美拉德反应，也是糖基化反应。美拉德反应的产物中也含有大量的糖基化终产物。这些糖基化终产物能够被吸收进入血液，然后被输送到真皮组织中，跟糖形成的糖基化终产物一样，使胶原蛋白受损，导致皮肤衰老。

同一种食物，煎炸烧烤会远远比蒸煮炖产生更多的糖基化终产物。比如脆米早餐谷物总的AGEs含量是米饭的220倍，炸薯条是煮土豆的87倍，油煎鸡蛋是煮鸡蛋的62倍。

延缓皮肤衰老的生活方式

人的衰老是不可阻挡的自然规律，皮肤的衰老也是如此。随着年龄增长，皮肤的松弛、起皱是必然的。不过，衰老的速度会受到生活方式和环境因素的影响。人们能做的，是淡定面对那些我们无法改变的因素，尽量去控制自己能够操控的因素，从而“延缓衰老”。

除了前面说的“减少吃糖”“减少吃糖基化终产物多的食物”，以下这些也是我们可以控制的。

防晒。避免烈日暴晒，阳光强烈的时候在室外活动，要么用衣服遮挡肌肤，要么打伞，要么在露出的肌肤上涂SPF30以上的防晒霜。

戒烟。抽烟会带来很大的氧化损失，对皮肤组织的影响与AGEs是类似的。

尽量少喝酒。酒会造成皮肤脱水，也不利于皮肤保养。

适度锻炼。

不要抓挠皮肤。

保持皮肤清洁，每天早晚洗脸，出汗之后及时洗澡。

注意保湿。

停止使用有刺激性的护肤品。对于同一款护肤品，不同的人反应可能不一样。只要是使用时感到不适，就不要使用，不要管它的宣传多么神奇。

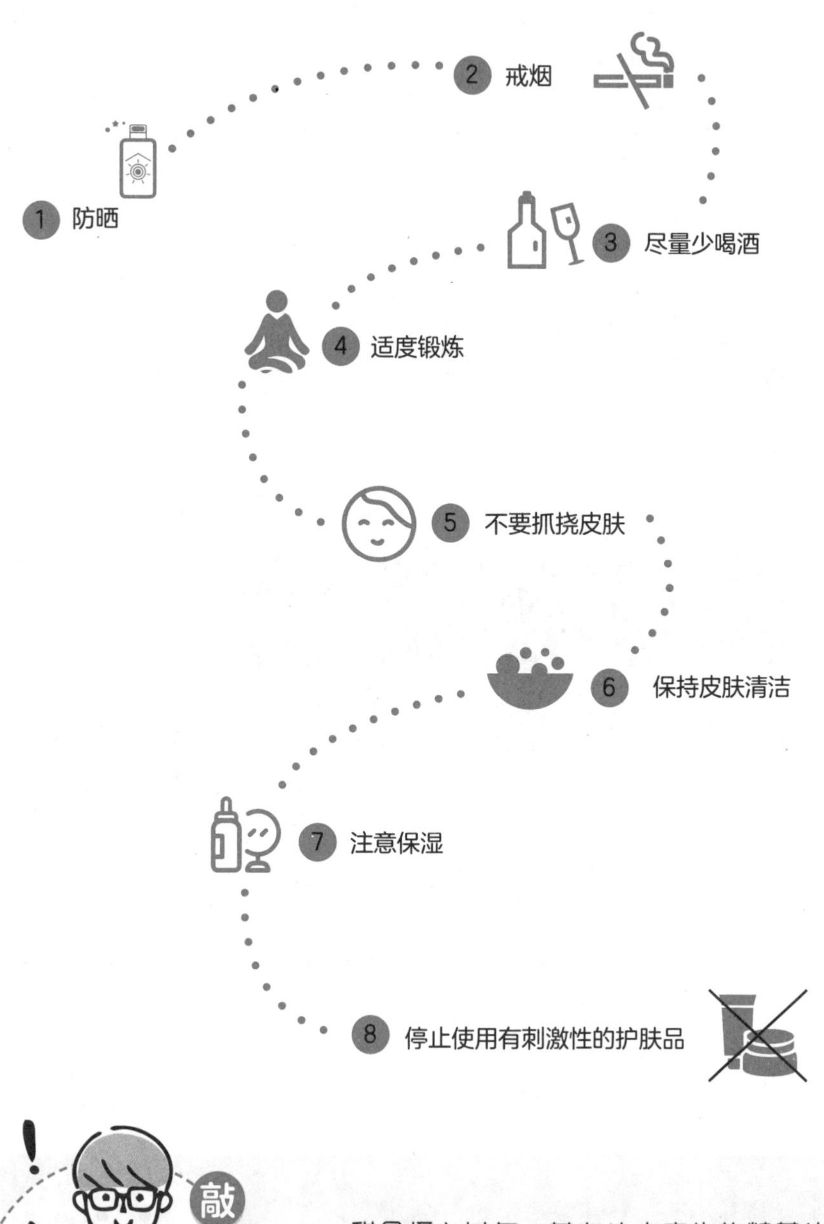

甜食摄入过多，其在体内产生的糖基化终产物会增加细胞内的氧化应力，从而加速皮肤衰老。控糖、控甜食真的对“面子问题”很重要。

Part 4

科学辨伪篇

以科学为名的忽悠

01 你还要被“抗氧化”的概念忽悠多久？

市场上充斥着各种各样的抗氧化保健品，还有许多食品也宣称“富含抗氧化剂”“抗氧化能力强”。宣传得多了，消费者也就接受了抗氧化剂能够防病治病、护肤美容……

抗氧化到底是什么

我们的身体会面临一些“氧化压力”，比如抽烟、喝酒、空气污染、紫外线等。这些因素会导致人体内形成一些活性氧，或者叫自由基。人体正常的生命活动也会产生一些自由基，这些自由基对人体的新陈代谢是必要的。但外界氧化压力产生的自由基，对人体来说就是额外的“氧化压力”。

自由基很不稳定，容易与细胞或者DNA发生反应。人体对自由基有一定的抵抗力，但如果氧化压力过大，会造成细胞和DNA受损，时间长了就会导致各种慢性病。而抗氧化剂能够与自由基发生反应生成稳定的物质，从而使自由基无法再破坏细胞和DNA。这个过程，通常被称为“清除自由基”，也是我们常说的抗氧化。

抗氧化剂从哪里来

许多物质被证实有很强的抗氧化性，比如维生素C、维生素E、维生素A、胡萝卜素、番茄红素、玉米黄素、花青素、茶多酚……

流行病学调查显示，吃蔬果多的人健康状况更好，慢性病的发生率更低。

而蔬果中含有丰富的抗氧化剂，于是抗氧化剂往往被当作蔬果有益健康的“功臣”。

对公众来说，多吃蔬果有益健康，至于到底是不是抗氧化剂的作用显得没有那么重要。但对于商家来说，抗氧化剂就成了手中的一张“王牌”。

科学研究并没有给抗氧化剂背书

面对市场上火热的“抗氧化剂”产品，科学界也做了许多研究去验证这些抗氧化剂的功效。然而结果往往差强人意，商家只能挑选一些似是而非的研究，再进行演绎来支持他们的主张。2009年2月的《临床营养学》（*Clinical Nutrition*）上有一篇综述，总结了22项公开发表的随机双盲对照研究，总参与人数多达十几万，结论是：不支持“抗氧化剂防止冠状动脉硬化”。2007年2月，《美国医学会杂志》发表的一篇综述，对总共涉及23万多人的68项研究进行总结，结果是：几种常见的抗氧化剂（维生素A、维生素E和β-胡萝卜素）对死亡率没有影响；如果剔除那些质量不高的研究，只对47项总计18万多人参与的高质量研究进行分析，这几种抗氧化剂甚至小幅度增加了死亡率。

抗氧化剂的研究一直很热门，但此后的研究并未推翻上述研究结果。2019年，哈佛大学医学院的网站上发布了一篇文章《懂得抗氧化剂》，给了读者简单明确的建议：实验室研究和许多大规模观察性研究提示，富含抗氧化剂的饮食，尤其是那种来自各种五颜六色蔬果的饮食，具有抗氧化的益处。但是，抗氧化补充剂的随机对照试验结果并不支持这些说法。事实上，过多的抗氧化补充剂对机体无用，甚至可能有害。所以，最好从全面的饮食中补充抗氧化剂。

如何看待“抗氧化”

大家需要有这样的底层逻辑：蔬菜、水果、茶、黑咖啡等富含抗氧化剂的食物有利健康，这种积极作用是抗氧化剂还是其他成分带来的并不重要，我们摄入的是整体的食物，而不是其中的某些成分。

不管是天然提取还是人工合成的抗氧化剂，虽然检测出来的抗氧化性很高，但目前的科学证据并不支持它们自我标榜的健康功效。

你为“增强免疫力”花的钱，真的值吗？

“免疫力”是个很吸引人的术语，日常生活中人们把它理解成“抵抗疾病的能力”。市场上，五花八门的保健品宣称自己可以“增强免疫力”。这其中有的是厂家自己“随口说说”，有的则有“蓝帽子”，简而言之，是合法合规的。

2016年12月，《关于保健食品功能声称管理的意见（征求意见稿）》中“增强免疫力”的功能定为“有助于维持正常的免疫功能”。这种功能的“适宜人群”是“免疫力低下者”，而“不适宜人群”则是“免疫性疾病患者”。也就是说，能否服用这些保健品，需要分清楚自己是“免疫力低下”还是“免疫性疾病患者”，而普通公众大多难以分辨。

另外，这份意见稿中明确指出“国外目前尚无公认的增强免疫力功能公认的临床试验评价方法”。也就是说，如何衡量免疫力低下，以及服用之后是否增强了免疫力，国外并没有公认的方法。换句话说，到底“有没有效”，只能靠自己“感觉”和“信则灵”了。

在2023年8月发布的《允许保健食品声称的保健功能目录 非营养素补充剂（2023年版）》中，这一功效被修订为“有助于增强免疫力”。也就是说，在市场上销售的保健品中，你可以买到“有助于增强免疫力”的合法产品。

“增强免疫力”的效果，如何被验证

既然没有评价方法，那么这种功能又是如何认证的呢？

某种保健品的“增强免疫力”功能想要获得批准，需要进行一些动物实验。要求是“采用正常动物，进行细胞免疫功能、体液免疫功能、单核-巨噬细胞功能、NK细胞活性等免疫学指标测定”，只要其中有两项结果是阳性，就可以判定该产品能够“增强免疫力”。

简而言之，中国保健品经过批准的“增强免疫力”功效，是基于既定的动物实验结果，并没有在人体中有效的证据。这样的证据在美国食品药品管理局（FDA）和欧洲食品安全局都不会被接受，所以中国的“增强免疫力”功效，不可能在欧美被批准。

关于增强免疫力，哈佛大学医学院有一篇相对深入的科普文章《如何提高你的免疫系统》，其中明确指出“提高免疫力这个概念在科学上几乎讲不通”。因为在人体中，有大量各种各样的免疫细胞，它们面对多种多样不同的病原体，会以不同的方式进行应答。免疫细胞在不停地产生和凋亡，没人知道免疫系统的最佳状态应该是多少免疫细胞或者免疫细胞的组合。

关于营养对免疫功能的影响，哈佛大学医学院的一篇文章指出：营养不良会导致人体更容易生病，但还不能确定其是否影响了免疫功能；如果微量营养成分不足，那么服用复合维生素和矿物质补充剂可能对健康有益，但大量服用特定维生素并没有什么用。

中国市场上“增强免疫力”的产品一般是植物提取物或者营养素补充剂，虽然它们可能在动物实验中显示“改善了免疫功能”，不过哈佛大学医学院的文章认为“并没有证据说明它们真的改善了免疫功能以抵抗感染和疾病。比如，科学家们并不知道那些看起来增加了血液中抗体水平的植物，整体的免疫功能是否有实际的提升”。

真正靠谱的保持免疫系统健康的方法

那些“增强免疫力”“调节免疫力”的保健品、食品，可能更多的是安慰剂效应。

03 网络流行的“抗炎饮食”，真能抗炎？

网上流行着“抗炎饮食”的说法。它到底是什么意思，对健康又有什么样的影响呢？

抗炎饮食，抗的是什么“炎”

日常生活中，人们经常说法“发炎”“消炎”。这里的“炎”，是指身体部位发生肿胀、疼痛、发红、发热等反应。这样的发炎，一般是由细菌、病毒等病原体引起的，只要对症处理并解决病原体，通常几小时到几天后就可以消炎。

“发炎”的实质是身体被外来病原体或者物质侵袭，细胞受到破坏，身体产生抗体以及其他物质来应对的过程，被称为“免疫反应”。如果这种侵袭不是很剧烈，但是长期存在，那么身体也就持续地处于警戒状态，免疫反应会持续进行。这样的状态被称为“慢性炎症”。

慢性炎症会破坏健康的细胞、组织，损伤肝脏、胰腺、肌肉和大脑等器官，从而导致各种慢性病，如肥胖、心脏疾病、脑卒中、糖尿病、癌症等。除了这些生理疾病，有许多研究还显示，长期处于炎症状态，还会影响心理和精神健康，导致记忆力下降、易怒、情绪冲动等。

膳食炎症指数

许多科学研究显示，食物中的许多成分对于炎症状态的促进或者抑制有影响。美国南卡罗来纳州大学的研究人员汇总了近两千篇研究论文，设计出了一个“膳食炎症指数”。他们确定了45种会增加或者减轻炎症的食物成分，然后根据它们在食物中的含量计算出一个数值，来衡量这种食物的“炎症潜能”。

根据膳食炎症指数的高低，可以把食物分为“抗炎食物”和“促炎食物”。抗炎食物有助于降低慢性炎症的发生，而促炎食物则相反，会加重身体的炎症反应。

常见抗炎食物

1. 全谷物：全谷物保留了完整谷粒的所有可食部位，包括麸皮、胚芽、胚乳等，含有谷粒天然含有的全部营养成分。膳食指南推荐每天吃50~150克全谷物食物，比如全麦粉、糙米、燕麦、小米、玉米、高粱米、青稞、荞麦等。

2. 蔬果：蔬果一般富含膳食纤维、维生素、矿物质，以及多酚等植物化学物。它们具有优秀的抗氧化能力，能够帮助减轻体内的炎症反应。

3. 鱼类及其他水产品：鱼类及其他水产品含有丰富的优质蛋白，脂肪中对健康有益的不饱和脂肪酸占比很高，还有丰富的铁、硒、锌、碘等矿物质，总体而言有助于降低体内的炎症状态。建议每周吃2次及以上的水产品。

4. 茶：在各种饮料中，茶中富含的茶多酚具有抗氧化、抗炎作用。不过需要注意的是，这里指的是不加其他成分的“纯茶”。以茶替代常规饮料，不仅可以愉快地补充水分，还对抗炎有益。

5. 植物调味品：一些植物调味品中含有的特殊风味成分也具有不错的抗炎能力，比如姜、蒜、辣椒、咖喱、肉桂等。烹调时使用这些植物调味品去调味，减少对油、盐、糖的依赖，对抗炎也是有帮助的。

常见促炎食物

1. 高糖及精制碳水食物：这里的“糖”，不仅包括蔗糖、果糖、葡萄糖、麦芽糖等，也包括冰糖、红糖、糖浆、蜂蜜、果汁等各种糖占据主导地位的食物。精制碳水食物指相对于全谷物，是只用精米白面制作而成的食物，比如白馒头、白面包、粉条、米饼、饼干、甜点等食物。

2. 高脂及油炸食物：肥肉以及煎炸类的、烘焙类的高脂肪食物，高热量、高脂肪（尤其是饱和脂肪），长期过多摄入也会促进炎症发生。

3. 红肉以及加工肉类：红肉主要是指猪、牛、羊肉等，加工肉是指对它们深度加工而成的火腿、培根、腊肉、香肠等产品。

4. 加工零食：零食的基本特征就是“好吃”。但它们通常会占据高油、高盐、高糖、精制碳水等“促炎因素”中的一条或者几条。

如何看待“抗炎饮食”

一种具体疾病的发生，往往与多种因素有关，食物只是其中的一个方面。不管是抗炎食物还是促炎食物，都是正常的食物，都会为我们的身体提供需要的物质。我们需要做的是根据膳食指南合理搭配，在保证营养均衡的前提下，适当多吃一些抗炎食物，减少促炎食物的摄入。

不管是抗炎食物还是促炎食物，都只是食物，它们对身体健康“有一定影响”，但并不是大量吃抗炎食物就不会得病，也不是吃了促炎食物就会得病。

“20%的中国人死于吃错饭”，是真的吗？

著名医学杂志《柳叶刀》上发表过一项震惊了中国媒体的研究。这项研究显示：在世界人口前20位的国家中，中国人因为饮食而导致的死亡率排名第一。根据文中的数据，这个结论被媒体演绎成了“20%的中国人死于吃错饭”。

研究所得到的排名是否“准确”，其实并不那么重要。对我们来说，重要的是研究总结的现象，对我们意味着什么。

糖和脂肪对健康的危害

糖和脂肪，尤其是反式脂肪，一直以来被认为是健康“杀手”。这项研究显示：高盐、低粗粮、低水果才是三大健康杀手，排名四到六的是低坚果、低蔬菜和低水产品，而糖和脂肪似乎都不是问题。

然而，这或许只能解释为“在全球范围内，糖和脂肪对于总体死亡率的影响不大”，而不是“糖和脂肪对健康的影响不大”。

反式脂肪在很多国家和地区（包括中国）广泛进入人们饮食之前，就因引起巨大的风波而被限制了。所以，在“全球范围”和“过去近30年”的范围内，反式脂肪并没有导致太多的死亡，因而在这项研究的“死亡因素”排名中也只是排到了第10位。

但是，糖、脂肪尤其是反式脂肪对健康的影响有着大量的直接研究。也就是说，并不是它们对健康的影响不大，而是因为它们或者已经被充分认识到而受到限制，又或者在很多人群中还没有机会成为“增加死亡”的因素。

对我们来说，“减糖”“减油”，依然是重要的健康饮食原则。

减盐，你做到了吗

有大量研究显示，高盐会导致高血压等慢性病。世界卫生组织对此推荐的控制量是每天5克。在中国，每天摄入量统计超过10克。

近年来，也有一些研究对“高盐不利健康”的结论发出了质疑。一些不负责任的媒体把这种“质疑”曲解为“推翻”，大肆鼓吹不需要限盐。

水果和粗粮，你吃够量了吗

大多数人都认识到“水果和粗粮有益健康”，但是多数人都吃不到足够的量。比如水果，《中国居民膳食指南》推荐每天吃200～350克。而在现实中，水果的消费有较为严重的两极分化，喜欢吃水果的人，一天吃一两斤水果很轻松；没有吃水果习惯的人，可能几天都不会吃一次水果。

关于水果，很多人会纠结“吃什么样的水果好”。不同的水果价格相差很大，营养成分也有一定差别，但就对健康的影响而言，不同水果之间的差异远远小于价格的差异。价格昂贵的“高档水果”，并不意味着“更有利于健康”。在柳叶刀这篇文章中，不仅新鲜水果、冷冻水果计算在内，甚至煮熟的水果、罐头水果和水果干也都计算在内，而果汁、盐渍和发酵水果则被排除在外。

柳叶刀这篇文章推荐的粗粮摄入量是每天100～150克。这个量，可能大多数人都达不到，人们更习惯精米白面的口感。对于粗粮，多数人的态度仅仅是“换换口味”。

对于个人而言，重要的是反思一下自己的饮食结构

一个国家整体的统计数据，只代表所有人的平均水平。它对于一个国家的公共卫生政策和膳食指南的制定有一定的参考和指导意义。但对个人来说，这些数据可能跟自己的情况完全不符合。我们应意识到“饮食结构不是特定的某

种食物”，对照膳食指南反思自己的饮食结构，在日常生活中行动起来，增加欠缺的，控制过多的，才是积极健康的态度。

健康饮食，更重要的是结构合理、适量而均衡，控盐、控糖、控脂肪、控热量对大多数人来说都是应该坚持的。

无糖食品真如广告说得那么好吗？

随着人们对健康的关注越来越多，糖对健康的危害也越来越被大家认识到。于是各式各样的“无糖食品”应运而生，还经常伴随着“更健康”“适合糖尿病患者”“帮助减肥”等极具吸引力的营销语言。“无糖食品”真的有广告中宣传得这么好吗？

什么是无糖食品

“无糖食品”指100克固体或100毫升液体中所含的糖不超过0.5克。此外，还有一个“低糖食品”的概念，指每100克固体或100毫升液体含有的糖不超过5克。

需要强调的是，这里的“糖”并不仅仅指蔗糖，而是包括了所有单糖和双糖，比如果糖、葡萄糖、乳糖、麦芽糖等。蜂蜜和高果糖浆是果糖和葡萄糖的混合物，所以也包含在内。

“低糖”“无糖”并不仅仅指加进去的糖，食物中天然存在的糖也需要计算在内。比如纯橙汁或者苹果汁中，天然的糖含量就可达10%左右。这意味着即便是“100%无添加”的果汁，也不满足“低糖”“无糖”的定义。

无糖食品热量更低、更健康吗

一种食物含有多少热量，跟它是否“无糖”没有必然联系。

在食物中，糖的首要作用是产生甜味，一些食物还要靠它改善质感。“无糖”的食物是不是热量更低，取决于用什么来代替糖。

如果使用甜味剂来代替糖，比如饮料，那么的确是降低了热量。此外，糖对牙齿的腐蚀、葡萄糖导致的血糖升高，以及果糖引发的代谢综合征，也都可以避免。从这个意义上，可以认为无糖饮料热量更低、更健康。不过，甜味剂不像葡萄糖可以诱导身体产生饱足信号，所以不利于人们控制食欲。如果控制食欲的主观能动性不足，那么无糖食品有可能让你吃得更多。

用甜味剂代替糖，对饮料来说容易操作，但对固体食物要复杂些——需要用其他成分去填补糖的位置。食物中的除了糖，还有复杂碳水、蛋白质和脂肪。

如果是用脂肪来代替，热量比糖更高；用蛋白质来代替，从营养上来看倒是不错，不过在价格和口味上都会完全不同。

如果用膳食纤维来代替，倒是可以降低热量，还能带来其他健康益处，但膳食纤维的物化性质跟糖相比相差太大，用其代之难度很大。

适合糖尿病患者吃吗？应该如何选择

糖尿病患者的饮食方针，最关键的是控制血糖的大幅波动。一般而言，代替了蔗糖、葡萄糖或麦芽糖的无糖食品，血糖生成指数会较低。需要注意的是，无糖食品也并非高枕无忧，糊精、精制面粉、米粉等配料，糖尿病患者也还是不能掉以轻心。

所以，除了认准在包装上被突出强调的“无糖”标签，还应该看看配料表。如果其中有淀粉糊精、环状糊精、精制面粉、米粉等，就需要谨慎购买。配料表中排名越靠前的，说明其含量越高。

甜味剂安全吗

如果想要甜味又不想高热量，就只能使用甜味剂。跟其他的食品添加剂一样，甜味剂总是陷在“长期大量食用或××”的陈词滥调中。实际上，能够产生甜味的物质很多，但要拿到“上岗证”成为甜味剂，需要经过重重考验。绝大多数甜味剂的“安全摄入量”相当于每天几百克蔗糖产生的甜度，想要超标也很难。

有的“无糖食品”可能不含糖，但含有更多的脂肪、糊精等，总热量可能比“有糖食品”更高。

06 “无麸质饮食”，值得你买单吗？

近些年“无麸质饮食”逐渐被人们所认知，许多人把它当作一种健康饮食。这种理念的核心是麸质对健康有害。“无麸质饮食”为什么会流行？它真的更健康吗？

麸质的危害只是针对特定人群

麸质是面筋蛋白的主要组成部分。中国的传统食品“面筋球”，就是从小麦粉中分离出来的面筋蛋白，其主要成分就是麸质。

面筋蛋白对于面粉的加工性能影响很大。根据其含量，面粉被分为高筋、中筋、低筋”，面筋蛋白含量越高，形成的面团就越筋道，比如拉面就需要面筋含量高的面粉，而烤蛋糕则需要低筋面粉。

有一种自身免疫病叫作乳糜泻。乳糜泻患者如果吃了麸质，会出现呕吐、腹泻、胃痛等状况。长期刺激会破坏小肠绒毛，导致营养不良。

有些人吃了麸质食品也会出现呕吐、腹泻等类似症状，属于“非乳糜泻麸质不耐受”。

此外，还有一些人吃了小麦食品或出现其他形式的不适，一旦停止摄入就好转，属于小麦过敏。

最被关注的是乳糜泻。但是患乳糜泻的只是很小一部分人群，比如在欧美的比例约为1%，在中国的发病率要更低。

无麸质饮食，对普通人群不见得有好处

对于乳糜泻、麸质不耐受以及小麦过敏的人群，吃无麸质饮食是有必要的。只要不摄入麸质，就不会出现症状。

“无麸质”指食物中没有小麦、大麦、黑麦等含有麸质的原料。为了方便这些人群选择食物，美国制定了“无麸质食品”的标准——不含有麸质原料，并且生产过程中混入的麸质含量在20毫克/千克以下。

无麸质食品可以卖出更高的价格，但是真正需要的人群毕竟有限。所以为了吸引更多的消费者，“更健康”成为“无麸质食品”的卖点。

另外，也有一些研究在探索无麸质饮食对普通人群的好处。不过迄今为止，并没有像样的证据支撑各种传说中的“健康好处”。2017年，《英国医学杂志》（*BMJ*）上发表了一项针对超过10万非乳糜泻人群的研究，调查显示：长期遵循无麸质饮食与心脏疾病发病率没有相关性。

无麸质饮食属于精加工，其减少了全麦粗粮中含有的膳食纤维和矿物质等营养成分，更易被人体吸收，血糖生成指数也更高。调查数据显示，换成无麸质食品的消费者，体重和代谢综合征的风险甚至有所增加。

推崇“无麸质饮食”的人还经常引用《谷物大脑》中的说法。

- **“谷物以及水果和其他碳水化合物能对大脑造成永久的伤害，会导致阿尔茨海默病、慢性头痛、抑郁、癫痫等各种与大脑相关的疾病，还会加快身体的老化进程，人们关心的肥胖、关节炎、糖尿病和其他慢性病都跟这有关系。”**

但是，这些说法并没有学术界认可的证据来支撑。

营养学研究包括调查数据、细胞研究、动物研究和临床研究。不同的研究实验设计不同，针对同一个问题所得到的结论也可能不同。不同的实验设计和数据，作为科学证据的可靠度也不同。如果选择性地挑选一些“证据”，也可以得出一些“惊人的结论”。但对于公众来说，汇集了所有营养学研究总结出的“营养指南”才是最值得信赖的——谷物（碳水化合物）、蛋白质、脂肪都

是人体所需要的营养成分。通过多样化饮食获得全面均衡的营养，才是保证健康最可靠的方式。

对于乳糜泻、麸质不耐受以及小麦过敏的人群，无麸质饮食是有必要的，但对普通人群不见得有好处。

07 关于“激素食品”的那些传说，该信哪个？

有部影视剧中的医生对乳腺癌患者说：“在饮食方面，不能吃含有激素的东西，比如说蜂胶之类的……”这句台词引起了中国蜂产品协会和相关企业的强烈不满。

下面先来说说蜂胶，再梳理下其他关于“激素食品”的传说。

从古至今被赋予众多功能的蜂胶

蜂胶是蜜蜂吸取植物芽孢上的汁液，与自己的分泌物而形成的胶状物。在古代，人们用它来消炎、疗伤，现在又被赋予了“抗菌”“抗病毒”“调节免疫”“抗肿瘤”等功效。科学家们对这些功效进行过检验，结果却是“没有可靠证据支持这些功效”。

蜂王浆的独特性跟激素无关

蜂王浆是一种很“神奇”的物质。完全相同的蜜蜂幼虫，只吃蜂王浆的就发育成体形大、寿命长、具有生殖能力的蜂王，而早早断浆改吃蜂蜜和花粉的就发育成体形小、寿命短、没有生殖能力的工蜂。所以，人们相信蜂王浆中存在着大量激素。

然而科学家们努力了很多年，只在其中检测到了含量极低的激素，不足以产生生物学活性。

直至2011年，科学家们才发现，蜂王的形成主要有以下两个原因。

一是新鲜蜂王浆中有一种蛋白质，蜜蜂吃了之后能促进其生长激素的分泌，进而调控基因表达，最终形成蜂王。但是，这种蛋白质很不稳定，易降解。被人类收集、储存、加工、食用消化之后的蜂王浆中的这种蛋白质难以保持活性。

二是蜂蜜和花粉中有一种物质叫作“对香豆酸”，蜜蜂幼虫吃了之后会启动解毒与增加免疫力的基因，从而能够对抗花粉与蜂蜜中的有毒物质。但是，与卵巢发育相关的基因被抑制了，而蜂王浆中不存在这种物质，所以只吃它的蜂王就不受影响，能够正常发育。

速成鸡鸭，养殖鳝鱼、螃蟹，并不是因为使用激素

现代商业化养殖的鸡、鸭，还有各种水产品如鳝鱼、螃蟹、虾等，都长得又快又大，于是许多人认为是用了激素。

商业化养殖的动物长得好，是品种改良、配方饲料以及养殖条件优化三者综合作用的结果，并不需要用到激素。

一方面，法规禁止在养殖中使用激素，生产者使用激素是冒着“非法生产”的风险，对于较大规模的养殖户来说风险远远超过收益，并不值得。另一方面，想当然地使用激素并不能促进养殖的家禽和水产品生长，反而可能导致其死亡。

“植物激素”对人体没有活性

在蔬果（尤其是反季节蔬果）生产中，“植物激素”的使用相当广泛。所以许多人说反季蔬果含有激素，会导致儿童性早熟。

“植物激素”的规范名称是“植物生长调节剂”，其能与植物体内的受体结合，调节植物的生长发育进程。但是，人体内并没有植物激素的受体，不会与植物激素产生反应，所以植物激素对人体不具有活性。这就跟花粉是植物的精子，但不会导致人类怀孕是一样的道理。

“植物雌激素”对人体的作用

植物中有一些物质，跟人体雌激素有一定的相似性，能够与人体内的雌激素受体结合，从而产生雌激素活性，被称为“植物雌激素”。

植物雌激素的活性非常微弱，而且具有双向调节作用。也就是说，如果人体内的雌激素水平低，那么它可以与多余的雌激素受体结合，起到一定的补充作用；如果人体内的雌激素水平过高，它会占据一部分雌激素受体而本身的活性又很低，就会降低雌激素水平。

敲重点

所有动植物体内都会分泌各种激素，以维持正常的生长发育。对于常规的食品，人们所担心的“不法商家添加激素”以及“激素食品”，并没有什么科学依据。当然，某些非常规食品或者宣称具有“神效”的保健品，是否天然存在或者厂家非法添加了某些激素，就需要“个例分析”，无法一概而论。

08 食物中的胶原蛋白有多少补在了脸上？

胶原蛋白在世界各地被炒得火热，尤其是在中国，几乎被时尚女性吹捧上天。

一位年近不惑依然青春依旧的明星自称实现了“逆生长”，并致力于研究和开发美容保养产品，推出的新产品中就有一个以“小分子胶原蛋白”为主打原料。虽然该产品的营销宣传漏洞百出，但明星的号召力很惊人，依然吸引了大量的粉丝购买尝试。

关于胶原蛋白，下面列出几条重要的真相。

胶原蛋白不会直接作用于皮肤

作为食物，胶原蛋白跟其他蛋白质一样要经过消化吸收，然后被人体作为原料合成各种蛋白质。其实人体并不能分辨“原料”的来源，不会因为吃的是胶原蛋白就合成胶原蛋白。

简而言之，胶原蛋白需要身体自己合成，吃的胶原蛋白并不会乖乖地跑到皮肤上去，也无助于合成胶原蛋白。

“小分子胶原蛋白”更多的是缘于市场营销

市场上有“小分子胶原蛋白”“胶原蛋白肽”“水解胶原蛋白”，宣称小分子的胶原蛋白能被人体直接吸收并利用于皮肤。

这些产品是把胶原蛋白用蛋白酶进行水解而得的产物，相当于把人体消化的过程在体外进行了一部分，使消化吸收速度更快。有一些研究发现，胶原蛋白二肽、三肽能直接被吸收进入血液，而且在血浆中可以稳定存在。

这项研究被商家演绎成这些小分子肽能够被血液运送到皮肤等部位直接形成胶原蛋白，但这并没有可靠的科学证据。另外，人体合成蛋白质需要氨基酸进入细胞，在核糖体内“组装”成蛋白质，而迄今并没有科学证据显示小分子肽能够完成这个过程。

胶原蛋白产业赞助了大量的科学研究，试图证明它有效。但是，要想某种“功效”获得认可，需要综合所有研究并向监管机构提出申请，由监管机构组织专家审查证据的可靠性和充分性。然而迄今为止，并没有监管机构批准过胶原蛋白的功效。

作为食品，胶原蛋白是一种劣质蛋白质

人体的蛋白质需要自己来合成，从食品中摄入的蛋白质只是提供氨基酸作为原料。人体对不同氨基酸的需求量不同，所以科学界以消化吸收率以及氨基酸组成与人体需求比例的接近程度来衡量一种食用蛋白质的品质。优质蛋白的氨基酸组成合理，消化吸收率高，所以利用率高。

相比之下，胶原蛋白中没有色氨酸。色氨酸是人体必需的氨基酸之一，不能通过其他氨基酸转化而来，需要从食物中摄取。这就意味着如果只吃胶原蛋白，那么吃多少都无法满足人体需求，所以被认为是劣质蛋白。

植物性食品中没有胶原蛋白

对素食的推崇还催生了“植物胶原蛋白”的说法。这是一个彻头彻尾的忽悠。

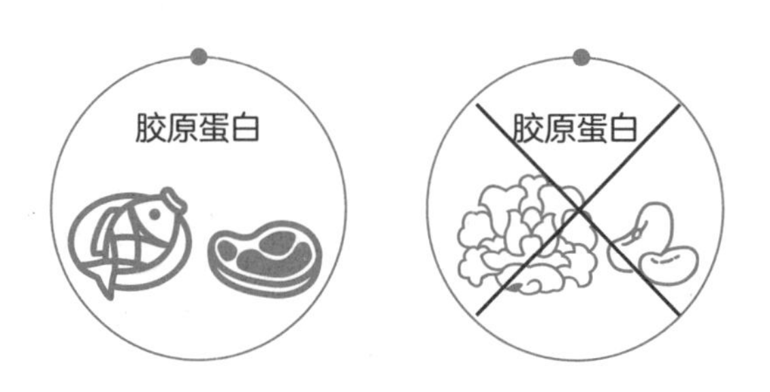

胶原蛋白是广泛存在于动物的皮、骨等组织中的一种蛋白质。在植物中不存在这样的组织，也不存在这一类蛋白质。营销广告中所说的那些含有“植物胶原蛋白”的食物，比如银耳、桃胶、珊瑚草等，其实蛋白质含量非常低。广告中宣传经过高温烹煮形成黏黏糊糊的溶液是“胶原蛋白”，但其实它们根本不是蛋白质，而是一些多糖，属于碳水化合物。

健康的皮肤需要胶原蛋白，但胶原蛋白只能身体自己合成，吃进去的胶原蛋白并不会乖乖地跑到皮肤上去。

09 口服玻尿酸真的有用吗？

许多人对玻尿酸并不陌生。在美容市场上，“注射玻尿酸”“玻尿酸面膜”已经风行很久。而最近“引爆”市场的，是“口服玻尿酸”。

玻尿酸又叫透明质酸，是一种很特别的黏多糖。它最大的特点是吸水性极强，1克玻尿酸能吸收1000克的水，形成极为细腻润滑的凝胶。早在1934年，美国一位眼科教授就从牛眼睛的玻璃体中把它分离了出来，并确定了其化学结构和特性。当时玻尿酸主要用于医疗，比如晶体植入、角膜移植和抗青光眼等眼科手术。但由于其获取不易，价格非常昂贵。

后来，科学家们研发出微生物发酵生产玻尿酸的技术，使其生产成本大大降低，应用领域也扩展到医美注射、关节炎、皮肤保养等。消费领域的应用也催生了生产技术的发展。尤其在中国，近年来玻尿酸的产量已经超过世界总量的80%。

相较于医疗、医美和护肤美容，“吃”无疑具有更大的市场和吸引力。于是，玻尿酸行业一直推动“口服玻尿酸”。2008年，中国批准了玻尿酸可以作为保健品食用。2021年，玻尿酸被批准可以作为“新资源食品”用于普通食品中，这开启了玻尿酸市场的新篇章。

“能吃”跟“吃了有用”完全是两码事

消费者不清楚，而行业也有意无意混淆的是：“能吃”跟“吃了有用”完全是两码事。

让我们先来看看“新资源食品”的定义。《新资源食品管理办法》中明确指出，“新资源食品”有四类：在我国无食用习惯的动物、植物和微生物；从动物、植物、微生物中分离的在我国无食用习惯的食品原料；在食品加工过程中使用的微生物新品种；因采用新工艺生产导致原有成分或者结构发生改变的食品原料。玻尿酸属于第一类。

批准为“新资源食品”，核心是“新”和“能吃”，并不是认可商家宣称的“功效”。为了避免这种错误认知，《新资源食品管理办法》还明确规定“生产经营新资源食品，不得宣称或者暗示其具有疗效及特定保健功能”。

也就是说，被批准为“新资源食品”仅仅是指它“能吃”。想要说明它“有用”，需要其他直接可靠的科学证据。然而迄今为止，并没有这样的科学文献。2012年，欧洲一家公司向欧洲食品安全局申报“口服玻尿酸护肤”的功效，专家委员会深入审查提交的证据之后，做出了“没有临床试验支持所申报的功能”和“口服玻尿酸和保护皮肤之间无法建立因果关系”的结论，明确否决了这项申请。在此后的这些年中，虽然有零星的科学实验发表，但在实验设计以及数据分析方面，往往都存在漏洞，算不上有说服力的科学证据。

简而言之，如果你看到市场上有的食品宣称“口服玻尿酸可改善人体皮肤水分，具有抗氧化，改善骨关节功能，预防骨质疏松，修复胃黏膜损伤等作用”的说法，一定要保持清醒的头脑、看好自己的钱包。总之一句话，面对各种层出不穷的玻尿酸产品，请慎重。

面对市场上“口服透明质酸可改善人体皮肤水分，预防骨质疏松、修复胃黏膜损伤等作用”的说法，一定要保持清醒的头脑。玻尿酸吸水性强，但是否“补水嫩肤”真不好说。

10 白藜芦醇与葡萄籽，值不值得信赖？

在各种“生物活性成分”“抗氧化”的产品中，白藜芦醇和葡萄籽提取物是极具号召力的两种成分。它们真的如宣传得这么厉害吗？

白藜芦醇的功效研究是“先打靶，后画圈”

1939年，日本学者从一种植物白藜芦中分离出一种新的化合物，命名为“白藜芦醇”。在此后的几十年中，它一直默默无闻，直到20世纪80年代，一些学者开始研究它的生物活性。

20世纪90年代，葡萄酒行业炒作“法国悖论”：法国人吃很多高热量、高脂肪、高胆固醇的食物，但心血管疾病的发病率不高。这被解释为“法国人大量喝红葡萄酒，是葡萄酒起到了保护心脏的作用”。为了解释“法国悖论”，科学界进行了大量研究，也没有找到合理的解释。因为葡萄酒中有白藜芦醇，所以白藜芦醇得到了空前的关注，研究论文多达上万篇。

一些植物在受到真菌、病毒等外来侵袭时，会产生白藜芦醇来进行防御，这样的代谢产物一般具有抗氧化、抗菌功效。于是，在理论上，白藜芦醇成为“红酒健康功效”的活性成分。但是迄今为止，白藜芦醇的活性研究基本上集中在细胞实验和动物实验，至于它在人体中的作用，依然是“不足以证明有效”。

消费者该如何选择

虽然有充分的证据支持白藜芦醇在动物实验中的健康功效，不过动物实验中的“有效剂量”都很大，换算到人身上，相当于每天要摄入上千毫克的白藜芦醇。而一瓶红葡萄酒中，总共只含有几毫克的白藜芦醇，白葡萄酒中含量更少，只有不到1毫克。

也就是说，哪怕是大量喝红葡萄酒，人们从其中获得的白藜芦醇量也难以达到有效剂量。要达到动物实验中有效的剂量，只能通过白藜芦醇补充剂来实现。基于这样的思路，保健品商家就推出了各种各样的补充剂产品。

面对这些形形色色的白藜芦醇补充剂，消费者需要明白的有以下3点。

白藜芦醇补充剂经过提取制成服用后，其代谢与剂量效应关系有可能不同。

白藜芦醇补充剂的每天推荐服用量在几十到几百毫克，与动物实验中的有效剂量仍有差距。

大剂量服用白藜芦醇补充剂的安全性，只有短期的实验证据，长期服用是否产生危害，现在还无从得知。

简而言之，基于目前的科学证据，服用白藜芦醇补充剂不是一个明智的决定。合理饮食、营养均衡，才是稳妥、合理的选择。

葡萄籽提取物及其作用

葡萄籽提取物往往被宣传具有降血脂、抗癌、美容、抗衰老等功效，可这些“功效”，靠谱程度有多高呢?

葡萄籽中含有大量的维生素E、类黄酮、亚油酸以及一类叫作“低聚原花青素复合物”的成分。除了亚油酸资质平平之外，其他这些成分都具有很好的抗氧化性。于是，抗氧化就成了葡萄籽的“金字招牌”。

直接吃葡萄籽难以下咽，即使吞了下去，其中的活性成分也很难被人体吸收。于是，商家把活性成分提取出来，做成保健品，“葡萄籽提取物”就此诞生。实验发现，摄入葡萄籽提取物后，血液中的抗氧化剂含量显著增加了。

但是，“能够吸收”跟“有保健功能”并不是一回事。科学家们做过一些初步的动物实验，葡萄籽提取物似乎对降低胆固醇、保护血管有一定作用。不过这些实验太初步了，不能作为证据。在没有进一步可靠的临床试验前，还是不要当真的好。

除此之外，美容、护肤、抗衰老、抗癌等功效，也都只是“美好的愿望”，没有科学证据的支持。

敲重点

迄今为止，白藜芦醇的活性研究基本上集中在细胞实验和动物实验，至于它在人体中的作用，依然“不足以证明有效”。葡萄籽提取物的保健功效也仅仅处于初步动物实验的阶段。

烧到135℃的水，“分子更小、更好吸收”？

某品牌推出了一款“熟水”，宣称“135℃超高温煮沸”“水分子更小，更好吸收”。这款水真的有这么神奇吗？

超高温加热是食品加工中的常规工艺

所谓“135℃超高温煮沸”是食品行业常规的一种加工工艺。大家熟知的常温牛奶，就是通过这种工艺杀灭细菌，所以在常温下能够长期保存。

饮用水行业中之所以没有其他厂家采用这样的加热条件，是因为“没有必要”。水中没有什么营养物质，并不适合细菌生长。如果采用自来水作为生产原料，消毒后，细菌已经很少了。从消除细菌的角度，通过净水处理就可以充分地去除细菌，不需要加热。所以，“135℃超高温煮沸”只不过是商家的一个噱头而已。

“小分子水更容易吸收”是伪科学

水分子是一个氧原子与两个氢原子构成的分子，不管如何加工处理，都不可能变小。如果把它分开，它就不再是“水”了，比如通过电解把它“变小”，就会生成氢气和氧气。

“小分子团”经常被拿来炒作。一个水分子中的氧原子能够吸引另一个水分子中的氢原子，从而使这两个水分子之间存在一定的吸引力，即“氢键”。

因为氢键的存在，会出现几个水分子形成的小团簇。氢键越强，这个团簇就越大；氢键越弱，这个团簇就越小。不过，这种吸引力并不稳定，处于不断的“形成—解离”中。基于它形成的水分子团也处于极其不稳定的状态，每一个具体的水分子团存在时间都极其短暂。温度对氢键强弱的影响很大，高温下氢键弱，所以这样的水分子团就会小一些。这里需要注意的是：“水分子团更小”只是在高温下存在，加热后降至常温，也就恢复了常规状态。

在市场营销中，这样的机制被演绎成了“高温煮沸的水分子团更小”，然后进一步演绎成“水分子更小，更好吸收”。

“熟水”与“生水”有什么区别

水中可能含有多种杂质。对人们的健康来说，可能的有害物质主要有以下这三类：一是有毒无机物，如汞、铅、砷以及亚硝酸盐等；二是致病菌；三是某些分泌毒素的藻类。

水处理就是去除这些有害物质的过程。以前人类能够采用的处理手段有限，加热煮沸几乎是唯一可行的办法，而它的作用也是立竿见影的：有效地杀灭了细菌，解决了微生物带来的安全问题；去除一部分矿物质，从而“软化水”，改善口感。相应地，人们把这样烧开的水称之为“熟水”。但仅仅是烧开，远不能去除那些有毒无机物以及对热稳定的藻类毒素。

现在，人们有更多的选择可以更好地实现水的杀菌和净化。传统意义上的“熟水”，也不是饮用水安全的必要条件。在这个时代，鼓吹“超高温杀菌”的“熟水”有多好，意义何在？

只要是未被污染的自来水，正常煮沸即可，超高温加热其实是多此一举。

“小分子水更易吸收”也只是商家的噱头。

12 适量饮酒对身体到底有没有好处?

"适量饮酒有益健康"这个说法不仅在酒类营销中经常强调，许多医学、营养和科普界人士也经常提到——而且，他们还能摆出各种科学研究文献来支持这种说法。酒，到底能不能喝?

"适量饮酒有益健康"说法的起源

这个说法来自我们之前提过的"法国悖论"：法国人的饮食、运动等生活方式并没有多健康，但他们的心血管发病率却不高。关于此悖论也曾有过解释：法国人喝葡萄酒多，葡萄酒可能有利于心血管健康。

为了解释"法国悖论"，各国科学家们进行了大量研究，在这些研究中，科学家们把心血管疾病发病率死亡率与喝酒量对比，发现"适量饮酒"的人群中心血管疾病发病率及死亡率都比完全不喝酒的人群低。而且，不仅仅是葡萄酒，啤酒和白酒也有类似的结果。

当然，作为流行病学调查，会受到其他因素的影响。比如，经常喝葡萄酒的人，收入往往比较高，因而医疗条件也更好，而且饮食、生活方式也会影响结果，比如蔬果的摄入量、锻炼身体等。在大型调查中，可以用统计工具剔除这些因素的影响，尽可能得到"适量饮酒"对心血管健康的影响。

在剔除了所有混杂因素之后，"适量饮酒"对心血管健康的积极作用减小了，但并没有完全消失。

为了解释这一现象，有学者提出了一些假说。比如酒精有助于增加血液中“好胆固醇”，而好胆固醇的增加有助于降低心血管疾病的风险。随着这种假说被一些试验支持，“适量饮酒有益心血管健康”渐渐得到了认同。

“适量饮酒”对健康的实际影响

心血管疾病并非危害健康的唯一因素，“适量饮酒”会不会对其他的健康因素也有影响呢？

在世界卫生组织国际癌症研究机构（IARC）的致癌物分类等级中，酒精是“1类致癌物”，对人体的致癌作用证据确凿。

科学界一直在研究酒精摄入量与各种癌症发生风险的关系，目前科学界的共识是：饮酒会增加多种癌症的发生风险，而且没有所谓的“适量”范围。对于许多癌症，只要饮酒就会增加患癌风险，喝得越多，风险就越高。比如口腔癌、咽癌和食管癌，重度喝酒者的发生风险是不喝酒者的5倍左右，其他的癌症比如结直肠癌、喉癌、乳腺癌、肝癌、胆囊癌等，发病率也都有所增加。而即使是每天摄入25克酒精（属于适量范围），有一些癌症的发生风险也会明显增加。

对任何食物，都不能只考虑其中的某个成分对健康的“好影响”，应该从食物的整个组成、正常的食用量着手，考虑其对健康的全面影响。具体到酒，虽然适量饮酒“可能”对心血管健康有一定好处，但其对癌症、脂肪肝、痛风等疾病的影响，总体看来它是不利于健康的。

总体来看，饮酒不利于身体健康，不建议为了可能存在的健康益处而饮酒。

13 荔枝引发了那么多争议，还能不能吃了？

每到吃荔枝的季节，就有不少关于荔枝的流言。荔枝到底能不能吃？

流言1：不法商贩用甲醛和二氧化硫喷洒荔枝

甲醛的挥发性很强，用到足以防腐的量会有明显的刺激性气味，消费者不大可能会买。二氧化硫是常用的保鲜剂，能够抑制氧化，此外它还可以抑制霉菌等微生物，从而避免荔枝腐坏。

吸入较高浓度的二氧化硫气体对健康的确有很大危害，但这跟食物上的二氧化硫残留是两码事。二氧化硫是广泛使用的食品加工助剂，一定量的残留并不会危害健康。《热带水果中二氧化硫残留限量》中规定，荔枝、桂圆等鲜果，二氧化硫残留限量为“≤30毫克/千克”。《食品添加剂使用标准》(GB 2760—2014)中规定，“经表面处理的鲜水果”的二氧化硫允许残留量为“≤50毫克/千克”。这个“允许残留量”的含义是：只要不超过它，对人体就不会有危害。

流言2：不法商贩用乙烯利催熟荔枝

乙烯利是一种植物生长调节剂，可以促进果实成熟。用它来催熟香蕉、芒果等提前采摘的水果，在农业生产中是很常规的操作，并不会危害健康。

不过，用乙烯利来处理荔枝纯属臆想。荔枝需要保鲜，不仅不需要“催熟”，反而是要抑制其成熟。

流言3：大量吃荔枝可能会出现“荔枝病”

真相

所谓“荔枝病”，是指空腹时大量食用新鲜荔枝后出现的头晕、心慌、出汗等低血糖症状。

从现在的研究进展来看，“荔枝病”的产生是因为荔枝中的两种毒素。当空腹大量吃荔枝之后，没有及时补充碳水化合物，体内的血糖就会不足，需要通过糖异生作用生成糖原。但是，这两种毒素会抑制糖异生作用，从而导致低血糖。这两种毒素在未完全成熟的荔枝中含量会高一些，成熟的荔枝中含量比较低。所以，只要在“正常吃饭”和“吃成熟的荔枝”的情况下，基本上不会遭遇“荔枝病”。

流言4：吃荔枝会检测出“酒驾”

真相

吹气测酒驾检测的是呼出气体中的酒精含量。荔枝是一种含糖量很高的水果，成熟的荔枝在储存中可能发酵而产生酒精，吃过之后口腔中会有残留的酒精。这时候“吹气”，酒精含量就可能超标。

不过这跟喝酒之后吹气的情况是不一样的。这种途径摄入的酒精量很少，而且主要在口腔中，过几分钟或者十几分钟再吹就不会超标了。而饮酒后，过几个小时甚至过夜之后检测，依然会超标。如果没有喝酒而只是吃了荔枝被检测出“酒驾”，可以要求过一会儿再吹，甚至抽血检验。血检的结果才是最准确的，而吃荔枝不会导致血检酒精含量超标。

在荔枝上喷保鲜剂是许可的，而吃荔枝导致低血糖、“酒驾”的发生率非常低，适量食用是安全的。

14 奶茶里的科技与狠活儿，是真的吗？

奶茶是年轻人非常喜欢的饮料。许多人认为“奶茶”既有奶的营养，又有茶的“功效成分”，所以美味又健康。但有媒体根据上海市消费者权益保护委员会发布的“奶茶比较试验”情况通报，总结出奶茶成分的“三大真相”，与广大消费者的“心理认知”大相径庭。应该如何看待奶茶的“真相”呢？

真相一：“无糖奶茶”其实只是“不另外加糖”

情况通报称：“在27杯正常甜度的奶茶中，每杯含糖量介于11～62克，平均含糖量为34克。”

实际上，除了2个样品含糖量超过10%，其他样品的含糖量都在10%以下。正常甜度的饮料中，10%左右的含糖量是常规，作为饮料的“奶茶”，这样的含糖量也算正常，甚至比多数其他种类的饮料还低。之所以每杯的含糖量平均达到34克，是因为奶茶杯的容量大，一般在400～600毫升。

而“20件宣称无糖的样品，竟全都测出糖分，平均含糖量为2.4克/100毫升，最少的也有1.2克/100毫升”。如果注意一下检测结果中糖和脂肪的含量，会发现这些“无糖奶茶”中含糖量都低于或者接近脂肪含量。无论奶茶中的“奶”是来自牛奶、奶粉还是奶精，都含有乳糖或者高果糖浆，其含量跟脂肪相近或者甚至更高。也就是说，这些“无糖奶茶”中的糖，其实是原料带入的。商家宣称的“无糖”，其实只是“没有另外加糖”而已。

正如许多报道中提到的那样，国家对现制饮料的“无糖”概念没有进行界定，对预包装饮料“无糖”声称的要求是含糖量不超过0.5克/100毫升。把“不另外加糖”混同于“无糖”，算是“灰色地带”还是“欺骗消费者”，需要监管部门的澄清。

真相二：“用奶并非‘真材实料’”，其实是基于“想象中的真材实料”

“在对蛋白质的检测中，有19件样品的蛋白质含量明显偏低。”这是一个事实判断。这里隐含了一个前提“奶茶中的蛋白质含量应该比较高”，但这只是消费者的心理期望，并没有法规依据。

目前监管部门没有对奶茶设立标准，而是作为“茶饮料”的一个分支。在现行的《饮料通则》（GB/T 10789—2015）中，对于茶（类）饮料直接引用了《茶饮料》（GB/T 21733—2008）作为标准。而在该标准中，有一个分支是“奶茶饮料和奶味茶饮料”，定义为：以茶叶的水提取液或其浓缩液、茶粉等为原料，加入乳或乳制品、食糖和（或）甜味剂、食用奶味香精等的一种或几种调制而成的液体饮料。

也就是说，并没有国家标准要求奶茶中必须加奶，也没有对蛋白质含量做出要求。现实中，除了少数“鲜奶奶茶”“原味奶茶”，大多数奶茶中的“奶”都是植脂末。植脂末中的脂肪含量远高于蛋白质，所以赋予奶茶更好的口感但是蛋白质含量却很低。这固然跟消费者的期望不同，但指控它们“并非真材实料”也不合理，因为本来就没有法规限定“真材实料”是什么。

真相三：“好喝的奶盖脂肪很高”，这是真的

在检测结果中，“45件无奶盖的奶茶脂肪含量在1.1克/100毫升～4.4克/100毫升，平均为2.7克/100毫升”“6件有奶盖的奶茶脂肪含量在5.4克/100毫升～7.7克/100毫升，平均为6.3克/100毫升”。

45件 无奶盖的奶茶脂肪含量	6件 有奶盖的奶茶脂肪含量
1.1克/100毫升～4.4克/100毫升 平均为2.7克/100毫升	5.4克/100毫升～7.7克/100毫升 平均为6.3克/100毫升

这个结果是显而易见的。奶茶口感好，多是脂肪的功劳。尤其是所谓的“奶盖”，无论是“正宗”的奶盖（用奶油）还是“非真材实料”的奶盖（部分或者全部人造奶油），其中的脂肪含量都很高。

“无糖奶茶”，很可能是只是“没有另外加糖”；奶茶中的奶盖确实是“脂肪大户”。

15 关于方便面，都有哪些奇怪的谣言？

方便面是一种很方便的食品，有的方便面还做得很好吃。不过，关于方便面的谣言一直不断，下面来解析典型的几条谣言。

谣言1：方便面中有大量防腐剂，危害健康

“食物防腐剂有害健康”是一种误解。防腐剂在食物中应用广泛，其作用旨在抑制细菌等微生物的滋生，保护食物营养以及感官品质。国家批准的每一种防腐剂都进行过安全审核，只要按规范使用，就不会危害健康。

其次，方便面的含水量非常低，本来就不适合细菌生长，所以“不需要使用防腐剂”。

谣言2：吃完一碗方便面后32小时都不会消化

这个谣言来自国外的一个拍摄项目。项目中两名志愿者分别吃下方便面和手工面条，然后吞下胶囊内视镜来记录消化道内的情况。实际上，两种面条在吃完后2个多小时就已经基本消化，而且拍摄所用的胶囊内镜能维持的影像时长只有8小时，无法对面条消化情况进行连续32小时的记录。这个项目的初衷只是为了观察加工食品的消化过程，由于只有两名受试者，结果并不能得出方便面不好消化或者有害健康的结论。

谣言3：方便面没有营养

所谓“营养”，是指为人体提供所需要的物质和热量。方便面跟米饭、馒头一样，主要提供碳水化合物，但跟米饭、馒头相比，油炸型方便面还提供更多的脂肪。脂肪也是人体需要的营养成分，但由于现代饮食脂肪含量过高，需要控制脂肪的摄入。作为单一的食品，方便面的确不能满足人体的全部营养需求。这不是方便面本身的问题，任何食品都是如此。作为食谱的一部分，它跟常规的面条并没有本质区别。所以，吃方便面时加蛋、蔬菜、肉类等，也可以吃得健康。

谣言4：方便面含有重金属

有机构检测了多种方便面的调料粉和油包，发现含有铅、铜、汞等有害物质。媒体宣称“方便面含有重金属，会干扰正常的生理功能，严重者还会导致基因突变而诱发癌症”。

这条新闻引起了轰动，但完全就是吓唬公众。

铅、铜等重金属在自然环境中广泛存在，如依靠土壤和水种植出来的植物，吃草和粮食养殖的动物都含有。所以，含有重金属很正常，“有多少”才是问题。

“不含重金属”只会有两种可能：一是没有去检测，就像千百年来祖先们吃的食物那样，不知道它们的存在，自然也没有检测，就被当作“没有”；二是检测手段不够先进，检测不出那么低的含量，也就被当作“没有”。

科学技术的发展使检测能力越来越强，以前发现不了的物质现在能够被轻易发现，也就经常被媒体炒作成“××食物中惊现××有害物质”。其实，拿任意食物去检测，目前的检测技术都能检测到不止一种“有毒污染物”。

谣言5：火腿肠和方便面不能一起吃，不然钠的摄入量会超标

方便面和火腿肠都是含盐量很高的食品。火腿肠中的含盐量通常在2%左右，也就是说，一根50克的火腿肠，其中的盐大约有1克。方便面面饼中的钠含量不算高，但调料包中的钠含量很高。如果把一包方便面的面和调料全部吃掉，那么盐摄入量就差不多相当于全天的标准了。

所以，方便面不管是和哪种食物一起吃，盐摄入量都有可能超标，导致钠摄入过量，并不仅仅是火腿肠。

敲重点

方便面不应作为常规食物的取代，而应只是一种应急或者对常规饮食的补充。新鲜的、常规制作的食物自然是最好的，但是在无法或者不便获得常规食物的时候，方便面仍然是一种很好的选择，既能迅速解决人的温饱问题，还能保证基本的食品安全。请不要“妖魔化”方便面。

16 “FDA认证”就意味着可靠？

美国FDA负责监管美国的药品、生物制品、兽药、医疗器械、食品、饲料、化妆品以及放射性的电子产品等。在一百多年的发展历程中，它逐渐树立起了专业与权威的形象，在全球也有着很高的威望。

“FDA认证”也成了许多产品品质可靠的标志。在市场营销宣称中，经常能见到厂家宣称自己或者其产品经过了“FDA认证”。

下面，根据FDA官方网站上的介绍，梳理出他们并不进行的几项认证。如果你看到某些产品宣称相关的“FDA认证”，基本可以判断为“假货”。

FDA不认证公司

如果一种食品、药品或者医疗器械产品等想要在美国销售，那么厂家需要向FDA进行注册登记。不过登记的对象是生产设施（即厂房、车间等），而不是公司本身。FDA有权对登记的生产设施进行检查，确保它符合FDA的规范。

但这种“登记”不代表该设施经过了FDA的“审查”，更不代表该公司经过了“FDA认证”。

FDA对医疗器械进行分级监管

根据可能产生的风险，FDA把医疗器械分成三级进行监管。

风险最大的是Ⅲ级，比如机械心脏瓣膜和可植入泵，通常需要FDA审查认证批准之后才能上市销售。而要获得批准，生产者必须向FDA证明该设备的安全性和有效性。对于这种等级的医疗器械，“FDA认证”代表着权威认可。

中等风险的是医疗器械是Ⅱ级，比如透析设备和导管。Ⅱ级医疗器械只需要厂家显示该设备跟已经合法上市的同类设备“实质等同”就可以销售了，并不需要经过FDA审批。

低风险的医疗器械被封为Ⅰ级，比如手动泵奶器、创可贴、医用手套等，只是进行一般监管，甚至不需要备案。

对于Ⅰ级和Ⅱ级的医疗器械，“FDA认证”都是不实宣传。

FDA不认证化妆品

各种香水、化妆品、保湿用品、洗浴用品、染发剂之类的产品，包括它们所用的成分以及产品标签，都不需要FDA审查即可上市销售。FDA要求厂家保证它们的安全和“如实标注”，但并不对其进行审查，所以这些类别的产品宣称“FDA认证”也是不实宣传。

FDA不认证医用食品

美国的“医用食品”跟中国的“特医食品”不完全相同。前者是针对特定患者或者症状、需要在医生监护下食用的食品。中国的“特医食品”范围比它要宽一些，比如宣称“适合糖尿病患者”的食品属于“特医食品”，但并不是“医用食品”。

医用食品上市前并不需要经过FDA审批，只是要求生产设施进行登记备案。所以，在中国，如果某种针对患者的食品宣称“FDA认证”，就必定是骗子。

FDA不审查认证婴儿配方奶

中国的婴儿配方奶实施注册制，每个厂家必须把特定的配方进行注册，获得批准之后才可以销售。

而FDA并没有这样的要求。虽然婴儿配方奶的生产销售也在FDA的监管之下，但FDA只是每年对生产设施进行一次检验，并对产品进行抽样分析。只有FDA认定一个产品存在安全风险，才会要求下架召回。

不过，国外的婴儿配方奶要进入中国销售，也需要厂家在中国进行注册并获得批准。所以，没有获得中国政府批准注册的婴儿配方奶，在中国是非法产品；而宣称“FDA认证”的婴儿配方奶，则是虚假宣传。

FDA不认证膳食补充剂

美国的“膳食补充剂”等同于中国的“保健品”，中草药在美国也是作为膳食补充剂来销售和管理的。中国的保健品采取备案和审批的“双轨制”，而美国只有备案，没有审批认证。

只要在上市的75天之前，向FDA备案并提交安全性资料就可以上市销售。只有在销售之后出现安全问题，FDA才会去评估该产品的安全性。

简而言之，任何宣称“FDA认证”的保健品，都是虚假宣传。

FDA不认证食品和保健品的“结构–功能”声称

“结构–功能”声称是指一种食物或者食物成分能够影响身体的结构或者功能，比如“钙能强健骨骼”。

FDA并不认证“结构–功能”声称。对于膳食补充剂（保健品），厂家只需要在上市前30天向FDA备案，并声明该声称“未经FDA审批”以及该产品“不用于诊断、治疗、治愈和预防任何疾病”即可。而对于普通食品，FDA并不要求其备案和加注那两条声明。

所以，任何宣称“FDA认证”的保健品和食品，都是骗子。

美国FDA负责监管的对象有药品、生物制品、兽药、医疗器械、普通食品、饲料、放射性的电子产品等，并不负责认证化妆品、医用食品、膳食补充剂（保健品）和婴儿配方奶。

我们要以何种心态看待科技进步带来的“餐桌之变”？

不断发展的科学技术改变着我们的生活。饮食这个最古老、最“接地气”的领域，也不例外。

从可以数据化的指标和可验证的证据来看，科技进步带来的“餐桌之变”有以下这些好处。

1. 食物的供给极大丰富。比如以前作为“补品”给老人、患者和孕产妇吃的鸡、鱼、蛋、奶，现在很多人担心的是“吃多了会怎样”。

2. 工业化、大规模的生产让食物的获得变得极为便捷。不管是预包装食品、外卖食品还是预制菜，从根本上说都是为了把人们从厨房里解放出来，由此获得更多的休闲时间。

3. 技术进步推动了食品生产规模化，也提升了监管的深度和广度。从食品合格率到事故发生率，食品的安全、营养、美味、便捷性都大大改善了。

4. 人们不再满足于“吃饱”，而是进一步追求“吃好”——吃得健康、吃得愉悦。

但是，对于食品，人们依然有着许多顾虑，甚至可以说，比以前更不安和焦虑：担心农药残留、食品添加剂、营养不均衡、弄虚作假、担心被“割韭菜”……

其实，人们的担心主要来自以下三个方面的原因。

一是“发达的信息”。几乎任何关于食品“可能有害”的信息，都会在短时间内触及每一个人。然后在“再次传播”中，“可能”被忽略，“有害”被放大，极端的表达被广泛传播，淹没客观理性的声音。

二是“人的本性”。人们天生对“负面信息”更关注，也更容易相信。比如抽检100个样品，人们会对合格的99个样品熟视无睹，视为当然，而对不合格的那1个忧心忡忡，总担心“落在自己头上”。

三是“不了解”。随着现代食品科技的发展，生产流程及工艺越来越复杂，我们对其知之甚少。由于不了解、不清楚，就会产生对某种食品的不信任与怀疑。

吃饭，是一件很美好的事情——科技的进步，不断地在为吃饭这件事儿提供更多、更好的选择。任何一种成功的新技术、新产品，都是因为其满足了更多人的需求而成为主流。

所以，面对科技进步带来的“餐桌之变”，我们不妨花一点时间去了解它的客观事实。对自己有利，就接受；不喜欢，就拒绝——选择权，总是在每一位消费者的手中。

图书在版编目（CIP）数据

食物戏很多：餐桌辟谣记 / 云无心著. — 北京：
中国轻工业出版社，2024.5
ISBN 978-7-5184-4893-7

Ⅰ.①食… Ⅱ.①云… Ⅲ.①食品安全—普及读物
Ⅳ.①TS201.6-49

中国国家版本馆 CIP 数据核字（2024）第 040560 号

责任编辑：李金慧 瀚 文
策划编辑：张文佳 付 佳 责任终审：李建华 封面设计：伍毓泉
版式设计：锋尚设计 责任校对：郑佳悦 晋 洁 责任监印：张 可

出版发行：中国轻工业出版社（北京鲁谷东街5号，邮编：100040）
印 刷：艺堂印刷（天津）有限公司
经 销：各地新华书店
版 次：2024年5月第1版第1次印刷
开 本：710×1000 1/16 印张：14
字 数：300千字
书 号：ISBN 978-7-5184-4893-7 定价：59.80元
邮购电话：010-85119873
发行电话：010-85119832 010-85119912
网 址：http://www.chlip.com.cn
Email：club@chlip.com.cn

231730S2X101ZBW